中等职业学校以工作过程为导向课程改革实验项目
楼宇智能化设备安装与运行专业核心课程系列教材

公共照明及供配电监测系统安装与维护

郑小红　张世奇　主编

机械工业出版社

本书是"中等职业学校以工作过程为导向课程改革实验项目"楼宇智能化设备安装与运行专业核心课程系列教材之一,依据北京市教育委员会与北京教育科学研究院组织编写的"北京市中等职业学校以工作过程为导向课程改革实验项目"楼宇智能化设备安装与运行专业教学指导方案、"公共照明及供配电监测系统安装与维护"课程标准,并参照相关国家职业标准和行业技能鉴定规范编写而成。

本书共分为三个学习单元,包括六个项目,内容涵盖公共照明系统的安装与维护、供配电监测系统的安装、供配电监测系统的运行与维护。本书按照项目实施的顺序进行任务的编排,符合以工作过程为导向的课程设计原则,遵循中职学生的认知规律,具有较强的科学性和实用性。

本书适合作为中等职业学校、技工院校楼宇智能化设备安装与运行专业、电气设备安装与维护专业的教材,也可供相关行业从业人员参考。

为方便教学,本书配有免费电子课件,凡选购此书作为教材的学校教师,均可来电索取(010-88379195)或登录 www.cmpedu.com 注册、下载。

图书在版编目(CIP)数据

公共照明及供配电监测系统安装与维护/郑小红,张世奇主编. —北京:机械工业出版社,2018.2

中等职业学校以工作过程为导向课程改革实验项目 楼宇智能化设备安装与运行专业核心课程系列教材

ISBN 978-7-111-59134-4

Ⅰ.①公… Ⅱ.①郑… ②张… Ⅲ.①建筑照明-中等专业学校-教材②供电系统-监测系统-中等专业学校-教材③配电系统-监测系统-中等专业学校-教材 Ⅳ.①TU113.6②TM72

中国版本图书馆 CIP 数据核字(2018)第 024619 号

机械工业出版社(北京市百万庄大街 22 号 邮政编码 100037)
策划编辑:赵红梅 责任编辑:赵红梅 张利萍
责任校对:张 征 封面设计:路恩中
责任印制:李 昂
河北鹏盛贤印刷有限公司印刷
2018 年 4 月第 1 版第 1 次印刷
184mm×260mm · 10.25 印张 · 243 千字
0001—2000 册
标准书号:ISBN 978-7-111-59134-4
定价:29.80元

凡购本书,如有缺页、倒页、脱页,由本社发行部调换

电话服务   网络服务
服务咨询热线:010-88379833   机工官网:www.cmpbook.com
读者购书热线:010-88379649   机工官博:weibo.com/cmp1952
                                   教育服务网:www.cmpedu.com
封面无防伪标均为盗版   金 书 网:www.golden-book.com

编 写 说 明

为更好地满足首都经济发展对中等职业人才的需求，增强职业教育对经济和社会发展的服务能力，北京市教育委员会在广泛调研的基础上，深入贯彻落实《国务院关于大力发展职业教育的决定》及《北京市人民政府关于大力发展职业教育的决定》文件精神，于2008年启动了"北京市中等职业学校以工作过程为导向课程改革实验项目"，旨在探索以工作过程为导向的课程开发模式，构建理实一体化、与职业资格标准相融合，具有首都特色且符合职教需求的中等职业教育课程体系和课程实施、评价及管理的有效途径和方法，不断提高技能型人才培养质量，为在首都率先基本实现教育现代化提供优质服务。

历时5年，在北京市教育委员会的领导下，各专业课程改革团队学习、借鉴先进课程理念，校企合作共同构建了对接岗位需求和职业标准，以学生为主体、以综合职业能力培养为核心、理实一体化的课程体系，开发了汽车运用与维修等17个专业教学指导方案、232门专业核心课程标准，并在32所中职学校的41个试点专业进行了改革实践，在课程设计、资源建设、课程实施、学业评价、教学管理等多方面取得了丰富的成果。

为了进一步深化和推动课程改革，推广改革成果，北京市教育委员会委托北京教育科学研究院全面负责17个专业核心课程教材的编写及出版工作。北京教育科学研究院组建了教材编写委员会和专家指导组，在专家和出版社编辑的指导下有计划、按步骤、保质量地完成教材编写工作。

在本套教材编写过程中，得到了北京市教育委员会领导的大力支持、所有参与课程改革实验项目学校领导和教师的积极参与、企业专家和课程专家的全力帮助，以及出版社领导和编辑的大力配合，在此一并表示感谢。

希望本套教材能为各中等职业学校推进课程改革提供有益的服务与支撑，也恳请广大教师、专家批评指正，以便进一步完善。

北京教育科学研究院

前言

随着人们环保的意识逐渐增强，各行各业对公共区域照明的智能化与节能需求越来越强烈。尤其在一些中高档建筑中，照明不再单纯满足人们视觉上的明暗效果，更应具备多种控制效果，增加建筑物的艺术性，给人以丰富的视觉效果和美感。随着人们环保意识的增强，对电能的消耗也有了严格的规定，因此，近几年供配电监测系统迅速地发展起来。本书将从工程安装规范的角度出发，对公共照明及供配电监测系统两部分进行系统的介绍和分析，使之满足各行各业公共照明及供配电的专业需求。

本书是北京市教育委员会实施的"北京市中等职业学校以工作过程为导向课程改革实验项目"的楼宇智能化设备安装与运行专业核心课程系列教材之一，依据北京市教育委员会与北京市教育科学研究院组织编写的楼宇专业教学指导方案和"公共照明及供配电监测系统安装与维护"的课程标准，并参照相关国家职业标准和行业技能鉴定规范编写而成。

本书以培养学生专业技能和职业素养为编写目标，共分为三个学习单元，学习单元一为公共照明系统的安装与维护，介绍室内外照明系统配线及设备设施的安装、调试及维护方法；学习单元二为供配电监测系统的安装，介绍系统的配线和敷设、设备的安装方法；学习单元三为供配电监测系统的运行与维护，介绍供配电监测系统的运行及维护。

本书由郑小红、张世奇主编并对全书进行统稿。其中学习单元一由郑小红、史鹏飞、魏星编写，学习单元二由张世奇、王连风、李美凝编写，学习单元三由罗明、葛丽芳编写，参与本书校稿工作的还有邵德安、吉恒、付启跃、梁洁婷、蔡夕忠、宋友山等。

在本书编写过程中得到了北京市电气工程学校校长刘淑珍女士的大力支持，同时也得到了北京星德宝汽车销售服务有限公司经理史鹏飞先生的帮助，北京市电气工程学校教学校长吕彦辉负责审阅了全书，在此一并表示感谢。

鉴于编者的水平有限，书中的不足之处在所难免，恳请读者批评指正。您有任何意见或建议可通过 E-mail：zxhzhengxiaohong@163.com 联系我们。

编　者

目录 CONTENTS

学习单元一

公共照明系统的安装与维护

※单元描述※

当提到控制方式时，通常指手动控制和智能自动控制，公共照明系统的控制方式也不例外。手动控制照明系统指的是通过人工进行按钮的切换、旋转或遥控等操作装置构成的系统，这种控制方式适用于小规模的照明控制区域，可以根据需要随时开关照明装置达到节能的目的。随着照明区域的扩大，这种控制方式需要增加操作人员，且控制相对分散，增加了管理难度。近年来随着经济的发展和科技的进步，人们对照明的要求也越来越高，单纯的手动照明控制系统已经不能够适应绿色节能环保的现代控制要求，因此智能建筑中在原有手动控制的基础上，越来越多地使用了智能自动控制系统。自动控制照明系统引入了"绿色照明"的理念，最大限度地利用自然光源，采用时钟、照度感应和动静传感器等自动控制方式实现智能节能的目的，同时弥补手动控制的不足。

本学习单元将以某卧室室内以及某学校公寓区室外照明系统的安装、调试与维护为载体，严格按照工程要求完成工作任务，最终使学生了解不同照明灯具、照明方式，熟悉安装规范；具备从事公共照明系统的安装、调试与维护的工作能力，为今后从事与该任务相关的工作奠定基础。

※单元目标※

知识目标：

（1）了解室内、室外常用照明灯具及开关的特点及参数。

（2）掌握室内、室外照明自控系统的控制原理。

（3）了解常见照明自控元件的输入输出关系。

能力目标：

（1）能够根据照明施工图样合理地进行导线及设备设施的选择与安装。

（2）能够对室内、室外照明系统进行正确的调试与维护。

（3）能够对照明系统中出现的常见故障进行排除。

素养目标：

（1）在进行照明系统配线与设备设施选择安装中，进一步节约成本、提高安全意识。

（2）通过学习常用照明电光源知识点，提高环保节能的意识。

项目一
室内照明系统的安装、调试与维护

※项目描述※

本项目根据施工图样划分为四个工作任务，在图样识读的基础上，借助通用电工工具及仪表，完成对某卧室内照明系统整体线路的敷设及设备的安装、调试与维护工作。

※项目分析※

本项目前三个工作任务（见图 1-1）为室内照明系统安装与调试项目的三个工作环

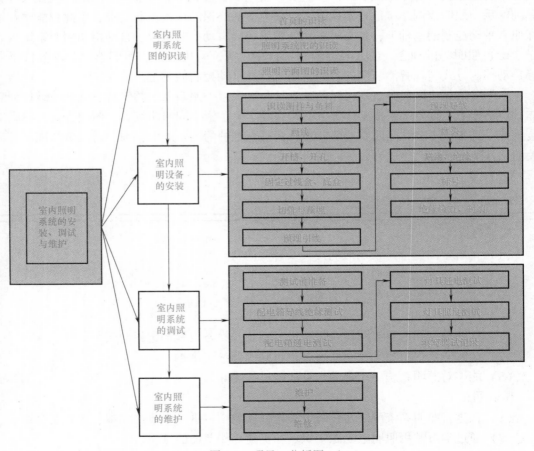

图 1-1　项目一分析图

节，识读图样是完成本项目的基础，在读懂图样的基础上，可以进行线路的敷设和照明设备的安装，完成所有的安装任务之后，通电调试整个室内照明系统，以验证安装工作的合格性。

通过完成本项目前三个工作任务的实施，使工程人员掌握室内照明系统相关的规范、相关的职业技能，使工程人员具备独立完成室内照明系统安装与调试的职业能力。

本项目的第四个工作任务为室内照明系统的维护。由于室内照明系统与人的日常生活息息相关，使用频率非常高，所以发生故障与损坏在所难免，通过这个任务的实施，使我们在日常生活中能够正确合理地使用室内照明系统，尽量减少故障的发生。

任务一 室内照明系统图的识读

※任务描述※

识读电气照明施工图是一个非常重要的环节，没有电气照明施工图理论上是不能施工的，因为电气照明施工图是工程施工的标准和依据，是沟通设计人员、安装人员、操作管理人员的工程语言，是进行技术交流不可缺少的重要内容。

电气照明施工图主要说明房屋内电气设备、线路走向等构造，是建筑施工的重要内容。现代建筑结构越来越复杂，电气设计包含内容越来越多，这对现场施工技术人员来说更需要正确阅读电气施工图。

※相关知识※

识读电气照明施工图时，必须熟悉电气图形符号，清楚图形符号所代表的含义，熟悉常用电气文字符号的含义，电气工程图形符号及文字符号可参见国家颁布的相应标准。建筑中照明工程规模不同，图样的数量和种类也不同，一套常用的电气照明施工图样一般包括首页、照明系统图、照明平面图三个部分。

一、电气照明施工图的组成

1. 首页

首页包括图样目录、设计说明、图例、设备材料明细表等内容。

照明工程的全部图样都应该在图样目录上列出。图样目录内容有序号、图样名称、编号和张数等。

设计说明主要阐述电气工程设计的依据、建筑概况、工程等级、设计的主要内容、施工原则、电气安装标准、安装方法、工艺要求等及其设计的补充说明。

图例是列出本套图样所使用的图形符号的简单说明，一般只列出本套图样中涉及的一些图形符号。

设备材料明细表上统计本照明工程的主要设备和材料的名称、型号、规格、数量等有关重要数据。

2. 照明系统图

照明系统图是用电气图形符号或带注释的框，简单表示电气系统的基本组成、相互关系及其主要特征的一种简图。照明系统图只表示电气回路中各个元器件的连接关系，不表示元器件的具体安装位置和具体连线方法，一般都只用一根线来表示线路。

3. 照明平面图

照明平面图是表示照明设备与线路平面布置的图样，是进行照明施工安装的主要依据。照明平面图以建筑总平面图为依据，在图上绘出照明设备及线路的安装位置、敷设方法等。照明平面图采用了较大的缩小比例，不能表现照明设备的具体形状，只能反映照明设备的安装位置、安装方式、导线的走向及敷设方法等。

二、电气照明施工图图面的一般规定

1. 比例和方位标志

（1）图纸比例

1）第 1 个数字是图形符号尺寸，第 2 个数字是实物尺寸。

2）以倍数比表示。

（2）方位 方位标记如图 1-2 所示

1）国际：上北下南，左西右东。

2）国内：一般用方位标记标明建筑物或构筑物的朝向。

2. 图线

常见电气图线形式及应用见表 1-1。

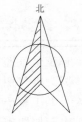

图 1-2 方位标记

表 1-1 电气图线形式及应用

图线名称	图线形式	应 用
粗实线	——————————	电气线路、一次线路
细实线	——————————	二次线路、干线、分支线
虚线	— — — — — — —	应急照明线、屏蔽线
点画线	— · — · — · — · —	控制线、信号线、轴线、图框线
双点画线	— ·· — ·· — ·· —	辅助图框线，36V 以下线路

3. 标高

绝对标高指以我国黄海平均海平面作为零点而确定的高度尺寸，一般海拔为绝对标高；相对标高是指选定某一参考面为零点而确定的高度尺寸，一般有这样的规定：建筑高度采用以建筑物室外地坪面为 ±0.00m；敷设标高指选择每一层地坪或楼面为参考面而确定的高度尺寸，也就是进行设备安装的高度。

4. 图形符号和文字符号——国家标准规定的符号

（1）图形符号 电气照明工程常用的图形符号见表 1-2。

表 1-2 常见照明器件的图例

图例	灯具、配电箱	图例	开关	图例	插座、断路器
⊗	灯具一般符号		开关一般符号		二极单相插座
	顶棚灯		单极明装开关		二极单相插座暗装
	壁灯		单极暗装开关		二极单相密闭（防水）
	荧光灯一般符号		单极密闭（防水）		二极单相防爆
	双管荧光灯		单极防爆开关		三极单相插座（带保护接地）
	三管荧光灯		双极明装开关		三极单相插座暗装
	应急照明灯		双极暗装开关		三极单相密闭（防水）
⊗	花灯		双极密闭（防水）		三极单相防爆
	防水防尘灯		双极防爆开关		四极三相插座
	深照型灯		单极拉线开关		四极三相插座暗装
	广照型灯		单极双控拉线开关		四极三相密闭（防水）
	明装配电箱		单极三线双控开关		四极三相防爆
	暗装配电箱				断路器
					剩余电流断路器

（2）文字符号　电气照明工程常用的文字符号见表 1-3～表 1-7。

表 1-3　导线敷设方式标注的文字符号

序号	名称	代号	序号	名称	代号
1	塑料线槽敷设	PR	7	PVC 管敷设	PVC
2	金属线槽敷设	MR	8	薄塑钢管敷设	JDG
3	电缆桥架敷设	CT	9	金属软管敷设	CP
4	水煤气管敷设	RC	10	直埋敷设	DB
5	焊接钢管敷设	SC	11	电缆沟敷设	TC
6	穿电线管敷设	MT	12	混凝土排管敷设	CE

表 1-4　导线敷设方式及部位标注的文字符号

序号	名称	代号	序号	名称	代号
1	明敷设	E	6	吊顶内敷设	SCE
2	暗敷设	C	7	暗敷在墙内	WC
3	沿柱或跨柱敷设	AC	8	暗敷在地面内	FC
4	沿墙面敷设	WS	9	暗敷在顶板内	CC
5	沿天棚面或顶棚面敷设	CE	10	暗敷在梁内	BC

表 1-5　配电箱、柜标注的文字符号

序号	名称	代号	序号	名称	代号
1	高压开关柜	AH	8	电源自动切换箱	AT
2	低压配电屏	AA	9	控制屏（箱）	AC
3	直流配电屏	AD	10	插座箱	AX
4	动力配电箱	AP	11	电表箱	AW
5	照明配电箱	AL	12	信号箱	AS
6	应急动力配电箱	APE	13	接线箱	AR
7	应急照明配电箱	ALE			

表 1-6　配电线路标注的文字符号

序号	名称	代号	序号	名称	代号
1	电线、电缆、母线	W	8	照明干线	MWL
2	电力分支线	WP	9	照明分支干线	FWL
3	应急电力分支线	WPE	10	电力干线	MWP
4	照明分支线	WL	11	电力分支干线	FWP
5	应急照明分支线	WE	12	应急干线	MWE
6	控制线路	WC	13	插接式母线	WB
7	直流线路	WD			

项目一

表 1-7　照明灯具安装方式标注的文字符号

序号	名称	代号	序号	名称	代号
1	线吊式	CP	7	支架上安装	SP
2	链吊式	CH	8	墙壁内安装	WR
3	管吊式	P	9	柱上安装	CL
4	吸顶式	C	10	座装	HM
5	嵌入式	R	11	台上安装	T
6	壁装式	W			

5. 平面图定位轴线

定位轴线是确定各主要承重构件相对位置的基准线。在施工图中通常将建筑物的基础、墙体、柱、梁和屋架等主要承重构件的轴线画出，并进行编号，以便于施工时定位放线和查阅图样。定位轴线在施工图中用细点画线绘制，在其端部用细实线画圆圈，圆圈内的数字或字母为定位轴线的编号。横向编号是用阿拉伯数字按从左至右顺序编写的，竖向编号是用大写拉丁字母（但 I、O、Z 不用）按从上至下顺序编写的，如图 1-3 所示。

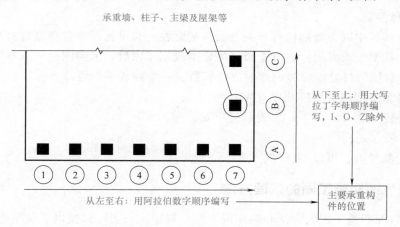

图 1-3　平面图定位轴线图解

三、电气照明施工图的标注

1. 照明配电线路的标注

1）一般标注：a-b(c×d)e-f。

2）两种芯线截面积的标注：a-b(c×d+n×h)e-f。

具体解释如下：

a——线路编号（可不标注）；

b——导线或电缆型号；

c、n——导线或线芯根数；

d、h——导线或电缆截面积（mm²）；

e——敷设方式及穿管管径（mm）；

f——敷设部位。

例如：BV(3×4)SC20-FC，WC 的含义为 3 根截面积为 4mm² 的塑料绝缘铜芯导线，穿管径为 20mm 的焊接钢管沿地面和墙进行暗敷。

又如：BX（1×4+3×2.5）PVC25-CC，WC 的含义为 1 根截面积为 4mm² 和 3 根截面积为 2.5mm² 的橡胶绝缘铜芯导线，穿管径为 25mm 的阻燃塑料管内沿顶板和墙暗敷。

2. 断路器的标注

注意：工程中断路器的标注比较灵活，有时还对断路器的极数和特性进行标注。例如 ABB 微断系列产品之一标注如下：

S25 □S-□ □
↓ ↓ ↓ ↓
型 极 特 额
号 数 征 定
      电
      流

S261-C10 含义：ABB 微断 S 型号，用在照明线路中，额定电流为 10A 的一级空气断路器。

3. 照明灯具的标注

$$a\text{-}b\ \frac{c\times d\times L}{e}f$$

具体解释如下：

a——某场所中同类型照明灯具的套数，通常在一张平面图中各类型灯具分别标注；

b——灯具型号或者编号，可查阅产品样本或施工图册，平面图上可以不标注；

c——每套照明灯具内安装的灯泡或灯管数，一个或者一根可以不标注；

d——每个灯泡或灯管的功率（W）；

e——安装高度（m），"—"表示吸顶安装；

f——安装方式；

L——光源种类，可以不标注。

四、电气照明施工图的识读方法

识读电气照明施工图的方法和顺序没有统一规定，一般可以按以下顺序阅读一套照明施工图，然后再对某部分内容进行重点识读。

1）看标题栏及图样目录，了解工程名称、项目内容、设计日期及图样内容、数量等。

2）看设计说明，了解工程概况、设计依据等，了解图样中未能表达清楚的各有关事项。

3）看设备材料明细表，了解工程中所使用的设备、材料的型号、规格和数量。

4）看照明系统图，了解系统基本组成，主要照明设备、元件之间的连接关系以及它们的规格、型号、参数等，掌握该系统的组成概况。

5）看照明平面图，了解照明设备的规格、型号、数量及线路的起始点、敷设部位、敷设方式和导线根数等。

温馨提示：一般先看照明系统图，了解系统组成情况，再具体读照明平面图。

※资源准备※

某卧室电气照明施工图，其中包括系统图和平面图。

1. 首页

1) 图样目录见表1-8。

表1-8　图样目录

序号	图样名称	编号	张数
1	某卧室照明系统图	图1-4	1
2	某卧室照明平面图	图1-5	1

2) 设计说明见表1-9。

表1-9　设计说明

序号	项目	具体说明
1	设计依据	1.《建筑照明术语标准》JGJ/T 119—2008 2.《建筑照明设计标准》GB 50034—2013
2	建筑概况	本建筑为某学校学生公寓楼,共六层,楼顶设有水箱间,建筑主体高度22.5m,标准层高3m。结构形式为框架结构
3	负荷等级	本工程所有设备的用电负荷均为三级负荷
4	主要内容	为方便实训教学,本次施工以某一间卧室的照明系统作为施工内容,按照某卧室照明系统图和某卧室照明平面图完成电气照明工程的施工
5	施工原则	《建筑电气照明装置施工与验收规范》GB 50617—2010
6	电气安装标准	《建筑电气照明装置施工与验收规范》GB 50617—2010
7	安装方法	本工程由就近变电所的低压侧引入一路380V/220V电源至本楼总配电箱,再由总配电箱分别引至各层配电箱,各层配电箱再引至房间照明配电箱。以上工作已经在前期完成,不属于本次照明施工范围 1. 线路采用PVC管暗敷,高度与下述各个器件的高度对应 2. 暗开关距地1400mm 3. 插座距地300mm 4. 空调插座距地1800mm 5. 配电箱安装高度为距楼层地面1500mm 6. 灯具安装见某卧室照明平面图标注
8	工艺要求	《建筑电气照明装置施工与验收规范》GB 50617—2010

3) 图例及文字符号见表1-10。

表1-10　图例及文字符号

序号	图例或文字符号	含义	序号	图例或文字符号	含义
1	—✗—	剩余电流断路器	4	■	暗装配电箱
2	⊗	灯具一般符号	5	BV	聚氯乙烯绝缘铜芯线
3	∕○	单极三线双控开关	6	PVC	穿PVC管敷设

项目一

序号	图例或文字符号	含义	序号	图例或文字符号	含义
7	CC	沿墙壁和顶棚暗装	11	FL	荧光灯
8		三极单相插座暗装	12	C	吸顶灯
9		两极单相插座暗装	13	DDC	直接数字控制器
10	K	三极单相空调插座暗装	14	WC	沿墙内暗敷

4）设备材料明细表见表 1-11。

表 1-11　设备材料明细表

序号	名称	型号	规格	数量
1	剩余电流断路器	C65N-63	3P,20A	1 个
2	剩余电流断路器	C65N-63	1P,3A	2 个
3	剩余电流断路器	C65N-63	1P,6A	1 个
4	剩余电流断路器	C65N-63	3P,16A	2 个
5	吸顶灯	JXD5	40W	1 个
6	双管荧光灯	YG2-2	40W	1 个
7	单相五孔插座	两极单相插座和三极单相插座组合插座	3A	1 个
8	三极单相插座		16A	1 个
9	单极三线双控开关			2 个
10	暗装底盒		86 型	4 个
11	接触器	ESB20		1 个
12	DDC	PXC24		1 个
13	配电箱		带固定滑条	1 个
14	聚氯乙烯绝缘铜芯线	2.5mm^2	红色	1 卷
15	聚氯乙烯绝缘铜芯线	2.5mm^2	蓝色	1 卷
16	聚氯乙烯绝缘铜芯线	2.5mm^2	黄绿双色	1 卷
17	聚氯乙烯硬质线管	18mm^2		若干

2. 某卧室照明系统图（见图1-4）

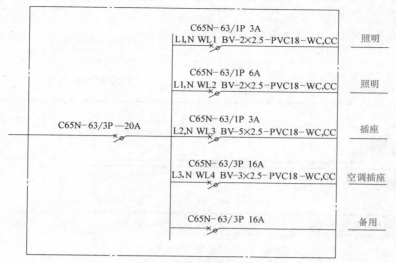

图1-4　室内照明系统图

3. 某卧室照明平面图（见图1-5）

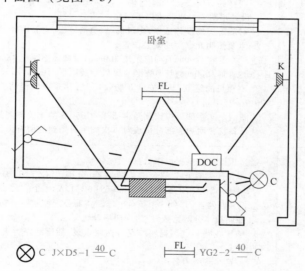

图1-5　室内照明平面图

※任务实施※

任务实施步骤见表1-12。

表1-12　任务实施步骤

序号	步骤	具体实施内容	说　明
1	识读某卧室照明施工图首页	认真阅读图样目录、设计说明、图例、设备材料明细表的相关内容	见"资源准备"部分"1. 首页"

（续）

序号	步骤	具体实施内容	说　明
2	识读某卧室照明系统图	阅读配电箱、断路器、导线的相关信息	见"资源准备"部分"2. 某卧室照明系统图"
3	识读某卧室照明平面图	阅读开关、插座、灯具的相关信息	见"资源准备"部分"3. 某卧室照明平面图"

※任务检测※

任务检测内容见表1-13。

表1-13　任务检测内容

序号	检测内容	检测标准
1	某卧室照明施工图首页的识读	从图样目录中可以读出以下信息： 1. 图样分为照明系统图和照明平面图 2. 照明系统图编号为室内照明001 3. 照明平面图编号为室内照明002 4. 图样共有两张：照明系统图一张，照明平面图一张 从设计说明中可以读出以下信息： 1. 对施工图的设计依据、建筑概况、负荷等级、主要内容、施工原则进行了解 2. 主要照明元器件的安装位置如下： 暗开关距地1400mm；插座距地300mm；空调插座距地1800mm；配电箱安装高度为距楼层地面1500mm；灯具安装见某卧室照明平面图标注 3. 本项目的施工、电气安装及验收按照《建筑电气照明装置施工与验收规范》GB 50617—2010进行 从图例及文字部分应该读懂本图样中所用到的相关图例及文字符号 从设备材料明细表部分应该对本次施工所用到的所有设备材料有所了解
2	某卧室照明系统图的识读	通过识读需要掌握以下信息： 1. 本系统共有6个剩余电流断路器，分别为C65-63（3P，20A）1个、C65-63（1P，3A）2个、C65-63（1P，6A）1个、C65-63（3P，16A）2个。其中1个剩余电流断路器作为总控制断路器，其余5个剩余电流断路器分别控制一个支路 2. 照明线路分两路敷设，均为两根导线 3. 插座线路和空调插座线路分两路敷设，插座线路为五根导线，空调插座线路为三根导线 4. 一路线路作为备用 5. 导线采用BV2.5导线，即线径为2.5mm^{2}的聚氯乙烯绝缘铜芯线 6. 线路敷设方式为穿PVC管敷设 7. 线路的安装部位为沿墙面和顶棚敷设
3	某卧室照明平面图的识读	通过识读需要掌握以下信息： 1. 吸顶灯由普通开关控制，且由两个单刀双掷开关实现异地控制 2. 双管荧光灯由DDC控制 3. 吸顶灯1个，型号为JXD5，编号为1，功率为40W，安装高度及安装方式为吸顶安装 4. 双管荧光灯1个，型号为YG2-2，编号为2，功率为40W，安装高度及安装方式为吸顶安装 5. 照明配电箱一个，安装方式为暗装 6. DDC一个 7. 插座共两个，单极五孔插座一个，单极三孔插座一个，均为暗装

※知识扩展※

一、常用导线型号、名称及用途（见表1-14）

表1-14　常用导线型号、名称及用途

型号	名　　称	用　　途
BV	聚氯乙烯绝缘铜芯线	
BLV	聚氯乙烯绝缘铝芯线	交、直流500V及以下的室内照明和动力线路的敷设,室外架空线路
BX	铜芯橡皮线	
BLX	铝芯橡皮线	
BLXF	铝芯氯丁橡皮线	
LJ	裸铝绞合线	用于室内高大厂房绝缘子配线和室外架空线
LGJ	钢芯铝绞合线	
BVR	聚氯乙烯绝缘铜芯软线	活动不频繁场所的电源连接线
RVS	聚氯乙烯绝缘双根铜芯绞合软线	
RTS	丁腈聚氯乙烯复合绝缘	交、直流额定电压为250V及以下的移动电工具,吊灯电源连接线
RVB	聚氯乙烯绝缘双根平行铜芯软线	
RFS	丁腈聚氯乙烯复合绝缘	
BXS	面纱编织橡皮绝缘双根铜芯绞合软线	交、直流额定电压为250V及以下吊灯电源连接线
BVV	聚氯乙烯绝缘铜芯护套线	交、直流额定电压500V及以下的室内外照明和小容量动力线路的敷设
BLVV	聚氯乙烯绝缘铝芯护套线	
RHF	氯丁橡套铜芯软线（防腐）	250V室内外小型电气工具的电源连接
RVZ	氯丁橡套铜芯软线（防腐）	交流额定电压500V以下移动式用电器的连接

二、常用导线规格

常用铝芯绝缘导线规格：$2.5mm^2$、$4mm^2$、$6mm^2$、$10mm^2$、$16mm^2$、$25mm^2$。

常用铜芯绝缘导线规格：$1mm^2$、$1.5mm^2$、$2.5mm^2$、$4mm^2$、$6mm^2$、$10mm^2$、$16mm^2$、$25mm^2$。

三、电工常用选择导线安全载流量口诀

1. 铝导线载流量与截面积的计算口诀

口诀如下（表1-15）：

10下五，100上二；25、35，四三界；70、95，两倍半；穿管、升温，八九折；裸线加一半；铜线升级算。

注意：口诀以铝芯绝缘导线明敷、环境25℃的条件为准。

表1-15　铝导线载流量与截面积计算口诀

口诀	10下五	25、35,四三界		70、95,两倍半	100上二
铝导线截面积/mm^2	1、1.5、2.5、4、6、10	16、25	35、50	70、95	100、…
安全载流量/(A/mm^2)	5	4	3	2.5	2

例如：$25mm^2$的铝芯绝缘导线、穿管敷设、环境温度超过25℃，则其载流量计算如下：

由口诀"25、35，四三界"可知，25mm² 铝芯绝缘导线的安全载流量为 4A/mm²，则不穿管、不升温时铝芯绝缘导线载流量为 25mm²×4A/mm² = 100A。

此时，铝芯绝缘导线穿管敷设，且环境温度超过 25℃，那么由口诀"穿管、升温，八九折"可知，导线载流量为 25mm²×4A/mm²×0.8×0.9 = 72A。

2. 铜导线载流量与截面积的计算口诀

估算口诀如下（表 1-16）：

二点五下乘以九，往上减一顺号走。三十五乘三点五，双双成组减点五。条件右边加折算，高温九折铜升级。穿管根数二三四，八七六折满载流。

表 1-16　铜导线载流量与截面积计算口诀

口诀	二点五下乘以九	往上减一顺号走					三十五乘三点五	双双成组减点五	
铜导线截面积 /mm²	1、1.5、2.5	4	6	10	16	25	35	50、70	95、120
安全载流量 /（A/mm²）	9	8	7	6	5	4	3.5	3	2.5

例如：三根 16mm² 铜芯绝缘导线、穿管敷设，环境温度为 25℃，则其载流量估算如下：

由估算口诀"二点五下乘以九，往上减一顺号走"可知，16mm² 铜芯绝缘导线的安全载流量为 5A/mm²，则可知，不穿管、温度为 25℃ 时铜芯绝缘导线载流量估算为 16mm²×5A/mm² = 80A。

而此时，铜芯绝缘导线为 3 根穿管敷设，那么由估算口诀"穿管根数二三四，八七六折满载流"可知，导线载流量估算为 16mm²×5A/mm²×0.7 = 56A。

以下给出准确的铜导线截面积与载流量对应关系，见表 1-17。

表 1-17　铜导线截面积与载流量关系

序号	铜导线截面积/mm²	载流量/A
1	2.5	25
2	4	35
3	6	48
4	10	65
5	16	91
6	25	120

四、导线敷设形式及特点（见表 1-18）

表 1-18　导线敷设形式、适用场所及特点

配线	适用场所	特点
瓷瓶	用于用电量较大的场所	机械强度大，抗腐蚀性好，安装维修方便；距建筑物近
护套线	用于用电量小，有腐蚀、潮湿场所照明线路	施工简便，造价低，线路整齐美观；不适合暗敷设和露天敷设
槽板	用于干燥用电量小的场所	结构简单，安装方便，线路整齐、美观，维修方便

配线	适 用 场 所	特 点
线管	用于室内外的照明和动力线路配线	配电方式安全可靠,可防止机械损伤,事故影响面小;施工复杂,故障寻找困难
钢索	用于高而跨度大的厂房,灯具要求较低的线路	结构简单,安装、维修方便;不够美观

任务二　室内照明设备的安装

※任务描述※

室内照明设备的安装包括室内照明系统线路的敷设和照明元器件的安装、接线。

本任务主要通过识读照明施工图来确定导线的种类、型号,线管的种类及配线的方式,借助常用电工工具,首先完成某卧室室内照明系统中整体线路的敷设。

线路敷设完毕后,进行照明设备的安装。通过识读照明施工图,确定照明系统设备设施的种类、型号,借助常用电工工具,完成对某卧室室内照明系统中照明灯具、自动控制元件等照明元器件的安装。

※相关知识※

一、室内配线原则

根据用户要求在室内对电气线路进行安装,称为室内配线。室内配线分为明配线和暗配线。明配线是指导线设置在建筑表面的配线方式。暗配线是指导线设置在建筑埋管内的配线方式。

室内配线应遵循安全、可靠、经济、方便等原则。

1. 安全

室内配线及电气设备必须保证安全运行。因此,施工时选用的电气设备和材料应符合图样要求,必须是合格产品。施工中对导线的连接、接地线的安装以及导线的敷设等均应符合质量要求,以保证安全运行。

2. 可靠

室内配线是为了供电给用电设备而设置的。室内配线设计与施工不合理会造成很多隐患,给室内用电设备运行的可靠性造成很大的影响。因此,必须合理布局、安装牢靠。

3. 经济

在保证安全可靠运行和发展性的可能条件下,应考虑其经济性,选择最合理的施工方法,尽量节约材料成本及施工费用。

4. 方便

室内配线应保证操作运行可靠,使用和维修方便。

5. 美观

室内配线施工时,配线位置和电器安装的位置选定,应注意不要破坏建筑的美观。

项目一

二、室内配线安装要求

1）配线时，相线与中性线的颜色应不同；同一机房或设备间相线（L）颜色应统一，中性线（N）宜用蓝色，保护线（PE）必须用黄绿双色线。

2）导线间和导线对地间的绝缘电阻必须大于 0.5MΩ。

3）所有线路必须全程穿管或走线槽，不便于穿管或走线槽的部位应采取适当的保护措施，并且布线要美观大方、横平竖直、牢固结实。

4）暗管直线敷设长度超过 30m 时，中间应加装过线盒。

5）暗管必须弯曲敷设时，其管线长度应不超过 15m，且该段内不得有 S 弯。连续弯曲超过 2 次时，应加装过线盒。所有转弯处均用弯管器完成，为标准的转弯半径。不得采用国家明令禁止的三通、四通等。

6）当线路暗配时，弯曲半径不应小于管外径的 6 倍；当线路埋设在地下或混凝土内时，其弯曲半径不应小于管外径的 10 倍。

7）在暗管孔内不得有各种线缆接头。

8）电源线配线时，所用导线截面积应满足用电设备最大输入电流。

9）电线与暖气管、热水管、煤气管之间的平行距离不应小于 300mm，交叉距离不应小于 100mm。

10）穿入配管导线的接头应设在接线盒内，接头搭接牢固，涮锡并用绝缘带包缠，包缠应均匀紧密。

11）电源线与通信线不得穿入同一根管内。

12）线槽线管的固定。

① 地面和墙槽 PVC 管要求每间隔 1m 必须固定。

② 地槽 PVC 管要求每间隔 2m 必须固定。

三、室内照明元器件

公共照明设备包括各种灯具、开关、插座、调光器、自控元件等。掌握各类电光源的发光原理是一个非常重要的环节。随着社会的进步，绿色环保节能控制理念已经深入人心，而对于室内公共区域的照明设备可以采用不同形式的智能开关进行控制达到节能环保的目的，为了减少光源控制的复杂性和难度可以使用调光器进行电光源的控制，满足不同场合对照明的不同需求。

学习照明电光源，必须要知道常用电光源的发光原理、特点及应用场合；照明设备的开关起到照明电光源控制的作用，需要了解常用开关的特点及应用场合；根据照明施工图完成不同照明设备的控制方式的安装。

四、室内常见的电光源（见表 1-19）

表 1-19　室内常见光源

电光源的类型		灯的类型
固体发光光源	热辐射光源	卤钨灯
	电致发光光源	场致发光灯 EL
		半导体发光管 LED

（续）

电光源的类型			灯的类型	
气体放电发光光源	辉光放电灯		氖灯	
			霓虹灯	
	弧光放电灯	低压气体放电灯	荧光灯	
			低压钠灯	
		高压气体放电灯（HID）	高压汞灯	
			高压钠灯	
			金属卤化物灯	
			氙灯	

1. 热辐射光源

热辐射光源是指当电流通过并加热安装在填充气体泡壳内的灯丝时，其发光光谱类似于黑体辐射的一类光源，是一种非相干的、发光物体在热平衡状态下使热能转变为光能的光源，如白炽灯、卤钨灯等。一切炽热的光源都属于热辐射光源，包括太阳、黑体辐射等。热辐射光源的特点是产生连续的光谱。

（1）白炽灯　白炽发光是原子受热激发产生的可见光电辐射。白炽灯运用白炽发光原理，让电流通过真空或惰性气体中的钨丝，使钨丝升温至白炽化后发出可见光。普通白炽灯的色温是2800K，与自然光相比偏黄色，显得温暖。白炽灯的显色性极佳，显色指数 $Ra=100$。但由于光谱中的红光比较多，对物体颜色的表现受到一定限制，比如适合表现肉类等红橙色调的食品，不适合表现草绿色调的物品。

白炽灯的优点是造价低廉、使用和安装简单方便。它适于频繁开启，点亮和熄灭对灯的性能及寿命的影响都很小。缺点是寿命短、发光效能低。白炽灯发出的可见光辐射所用电能一般不到输入总电能的10%，大部分能量转化为红外辐射，产生大量的热。此外，白炽灯发出的紫外线辐射也比较高，会引起照射物品的褪色。

（2）卤钨灯　在普通白炽灯中，灯丝的高温会造成钨的蒸发，蒸发出来的钨沉淀在泡壳上，出现泡壳发黑的现象。1959年，人们研制出碘钨灯，利用其卤钨循环的原理消除了泡壳发黑的现象。卤钨循环的过程是这样的：在适当的温度条件下，从灯丝蒸发出来的钨在泡壁区域内与卤素反应，形成气态的卤钨化合物，当卤钨化合物扩散到较热的灯丝周围时重新分解成卤素和钨，钨回到灯丝上，卤素继续参与循环过程。氟、氯、溴、碘各种卤素都能产生钨的再生循环。由于卤钨循环在非常高的温度下进行，因此必须用耐高温的石英玻璃或硬玻璃做卤钨灯的泡壳。同时，相应缩小卤钨灯的泡壳尺寸，会取得更高的灯内工作气压。

由于卤钨循环有效防止了泡壳发黑，卤钨灯的发光效能比白炽灯的高1倍左右，并且具有体积小、寿命长的特点。卤钨灯的色温为2800~3200K，与普通白炽灯相比光色更白，色调也显得冷一些，更接近自然光。卤钨灯的显色性非常好，$Ra=100$。

卤钨灯的缺点是高温使其比传统白炽灯发出更多的紫外线和红外线辐射，因此许多卤钨灯都配有滤镜以过滤掉大部分紫外线辐射。

2. 气体放电光源

气体放电光源在室内照明系统中主要以低压放电中的弧光放电光源为主，即荧光灯。

— 17 —

荧光灯是一种低气压汞蒸气弧光放电灯，通常为长管状，两端各有一个电极。灯内包含有低气压的汞蒸气和少量惰性气体，灯管内表面涂有荧光粉层。荧光灯的工作原理是，电极释放出电子，电子与灯内的汞原子碰撞放电，将 60% 左右的输入电能转变成波长 253.7nm 的紫外线，紫外线辐射被灯管内壁的荧光粉涂层吸收，化为可见光释放出来。作为气体放电灯，荧光灯必须与镇流器一起工作。

荧光灯分为直管型和紧凑型两类。直管型荧光灯较常用，按启动方式可分为预热启动、快速启动和瞬时启动几种，按灯管管径可分为 T12、T8、T5 几种。紧凑型荧光灯是为了代替耗电严重的白炽灯而开发的，具有能耗低、寿命长的特点。普通白炽灯的寿命只有 1000h，而紧凑型荧光灯的典型寿命可长达 8000~10000h。

荧光灯的主要优点是发光效能高，一个典型的荧光灯所发出的可见光的光能大约为输入电能的 28%。灯管的几何尺寸、填充气体和压强、荧光粉涂层、制作工艺以及环境温度和电源频率都会对荧光灯的发光效能产生影响。

荧光灯发出的光的颜色很大程度上由涂在灯管内表面的荧光粉决定。不同荧光灯的色温变化范围很大，为 2900~10000K。根据颜色可以大致分为暖白色（WW）、白色（W）、冷白色（CW）、日光色（D）几种。通常情况下，暖白色（WW）、白色（W）、日光色（D）荧光灯显色性一般；冷白色（CW）、柔白色和高级暖白色（WWX）荧光灯可以提供较好的显色性；高级冷白色（CWX）荧光灯具有极佳的显色性。

荧光灯发出的光线比较分散，不容易聚焦，因此广泛用于比较柔和的照明，向下射、上射泛光照明，工作照明和柔和的重点照明等。

3. 固体发光光源

固体发光光源主要以发光二极管（简称 LED）为主，是通过半导体二极管，利用场致发光原理将电能直接转变成可见光的新型光源。场致发光指由于某种适当物质与电场相互作用而发光的现象。

发光二极管作为新型的半导体光源，与传统光源相比具有以下优点：寿命长，发光时间长达 100000h；启动时间短，响应时间仅有几十纳秒；结构牢固，作为一种实心全固体结构，能够经受较强的振荡和冲击；发光效能高，能耗低，是一种节能光源；发光体接近点光源，光源辐射模型简单，有利于灯具设计；发光的方向性很强，不需要使用反射器控制光线的照射方向，可以做成薄灯具，适用于没有太多安装空间的场合。

普遍认为，发光二极管是继白炽灯、荧光灯、高压放电灯之后的第四代光源。随着新材料和制作工艺的进步，发光二极管的性能正在大幅提高，应用范围越来越广。

五、室内常用光源的选择

电光源主要的性能指标是发光效率、显色性、起燃与再起燃时间、色温等，下面介绍常用光源的特点和应用场所。

1. 白炽灯

白炽灯的特点是结构简单、成本低、显色性好、使用方便、有良好的调光性能。它一般用于日常生活照明、工矿普通照明、剧场和舞台的布景照明以及应急照明等。

2. 卤钨灯

卤钨灯的特点是体积小、功率集中、显色性好、使用方便。它一般用于电视演播、室内摄影等场所的照明。

3. 荧光灯

荧光灯的特点是光效高、显色性较好、寿命长。它一般用于家庭、学校、研究所、医院、图书馆等场所的照明。

4. 紧凑型高效节能荧光灯

它集白炽灯和荧光灯的优点于一身，其特点有光效高、寿命长、显色性好、体积小、使用方便。它一般用于家庭、宾馆等场所的照明。

5. LED 灯

LED 灯的特点是高光效、高节能、寿命长、运行成本低，具有电压低、电流小、亮度高的特性。它的光色多，可以选择白色或红色、黄色、蓝色、绿色、黄绿色、橙红色和彩色光等。它目前已得到广泛使用。

六、照明灯具

1. 灯具的作用

在照明设备中，仅有电光源是不够的，还需要灯具。灯具和电光源的组合叫作照明器。

灯具的作用包括：布置电光源；固定和保护电光源；使电光源与电源安全可靠地连接；分配光输出；装饰、美化环境。

2. 灯具分类

（1）按照明灯具结构分类

1）开启式：光源裸露在灯具的外面，即灯具是敞口的，这种灯具的效率一般较高。

2）闭合式：透光罩将光源包围起来，内外空气可以自由流通，但透光罩内容易进入灰尘。

3）密闭式：灯具透光罩内外空气不能流通。

4）防爆式：灯具坚实，能隔爆。

5）防腐式：灯具外壳用耐腐蚀材料制成，密封性好。

（2）按安装方式分类

1）吸顶式：灯具吸附在顶棚上，一般适用于顶棚比较光洁而且房间不高的建筑物。

2）嵌入顶棚式：除发光面，灯具的大部分都嵌在顶棚内，一般适用于低矮的房间。

3）悬挂式：灯具悬挂在顶棚上，根据吊用的材料不同分为线吊型、链吊型和管吊型。悬挂可以使灯具离工作面近一些，提高照明经济性，主要用于建筑物内的一般照明。

4）壁灯式：灯具安装在墙壁上。一般不作为主要灯具，只能作为辅助照明，并且富有装饰效果，功率一般较小。

5）嵌墙式：灯具的大部分或全部嵌入墙内，只露出发光面。这种灯具一般用作走廊和楼梯的深夜照明。

3. 灯具的选择

1）在正常环境中，适宜选用开启式灯具。

2）在潮湿的房间，适宜选用具有防水灯头的灯具。

3）在特别潮湿的房间，应选用防水、防尘密闭灯具。

4）在有腐蚀性气体和有蒸气的场所以及有易燃、易爆气体产生的场所，应选用耐腐蚀的密闭式灯具和防爆灯具。

七、开关

1. 跷板开关

跷板开关的体积比扳动开关小，操作亦比扳动开关轻巧，家庭装潢中用得很普遍。由于这种类型的开关受到用户的欢迎，故生产厂家极多，不同厂家的产品价格相差很大，质量也有很大的差别。选购时首先要考虑质量，其次再考虑价格。质量的好坏可从开关活动是否轻巧、接触是否可靠、面板是否光洁等来衡量。跷板开关的接线端子，有螺钉外露和不外露两种，当然选购螺钉不外露的开关更安全。常见的跷板开关如图1-6所示。

图1-6　常见的跷板开关

2. 防水开关

在浴室中，由于环境潮湿，为了用电安全，可用防水开关取代普通开关；在厨房中用湿手操作开关也是难免的，如果采用防水开关就很安全。家庭用的防水开关，其结构是在普通开关外加一个防水软塑料罩。目前市场上还有一种结构新颖的防水开关，其触点全部密封在硬塑料罩内，在塑料罩外面利用活动的两块磁铁来吸合罩内的磁铁，以带动触点的分、合，操作十分灵活。常见的防水开关如图1-7所示。

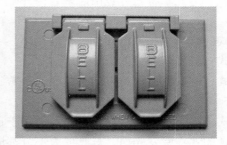

图1-7　常见的防水开关

3. 自控开关

（1）声光控自动开关　现在的公共场所照明（比如公共走廊及楼梯间）应用最多的是声光控延时灯具和开关。声光控延时灯具和开关，实现了人来灯亮、人走灯灭，目前已成为公共场所照明的主流产品。当然，这种产品从某种程度上说确实实现了节能的目的，但同时也给人们的生存环境造成了一定的破坏。由于产品本身性能的限制，这种灯具和开关自动控制的实现需要（超过60dB）声音的配合，这就给大众需要的安静环境造成一定的噪声污染。常见的声光控开关及灯具如图1-8所示。

声光控自动开关由电源、整流电路、光和声音接收电路、触发控制电路、晶闸管开关等构成。触发控制电路采用4组两端输入与非门数字电路，只有当光和声音接收电路同时为数字电路提供高电平时，它才能触发晶闸管导通，使灯亮。这种开关稳定性强，但成本较高。声光控自动开关原理图如图1-9所示。

图 1-8   常见的声光控开关及灯具

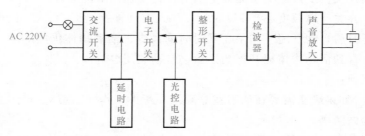

图 1-9   声光控自动开关原理图

声光控自动开关适用于楼道走廊、教室、办公室、写字楼、图书馆等照明灯具数量多、耗电量大的公共场所，杜绝了常明灯浪费现象，同时避免了声光控开关的相互干扰。

（2）光控开关   光控开关由光控电路和手动开关组成。它结构简单，元件少，工作安全可靠，通断容量大，使用方便，可控制各种不同种类的照明灯。光控开关可适用于公共教室、自习室、阅览室以及其他公共场所的照明控制，是一种节能效果显著的开关。常见光控开关如图 1-10 所示。

图 1-10   常见光控开关

（3）人体感应开关   红外线是不可见光源，利用其直射或反射接收，通过放大来做开关。另外还可以用人发出的生物红外热来做开关，就是我们平常说的红外探测器或者说是人体热释红外探测开关，它可以探测感应生物或人体温度。用它可做人体电灯开关、防盗器等。常见人体感应开关如图 1-11 所示。

图 1-11   常见人体感应开关

（4）触摸式自动开关   根据人眼的感受力，分为快、慢和暂歇三个过程。当触摸结束时，亮度记忆对该时段相位角进行记忆，若再施与大于 32ms 且小于 332ms 的触摸，电路呈关状态时，相位角仍由该部分记忆，保证电路在下一次开状态时，保持原选定相位角，光源保持原亮度。触发脉冲与市电的同步，由锁相环保证电路的工作时钟，也均由其产生。同时，电路还具有遥控（即远端触发）功能和渐睡（即由亮至暗，最后关闭）功能，其延续时间由外电路设置。

（5）红外线控制开关　红外智能节电开关是基于红外线技术的自动控制产品，当有人进入感应范围时，专用传感器探测到人体红外光谱的变化，自动接通负载，人不离开感应范围，将持续接通；人离开后，延时自动关闭电灯。人到灯亮、人离灯熄、亲切方便、安全节能，更显示出人性化关怀。

红外智能节电开关由于触发的时候不需要人发出任何声音，而是人走过时身体向外界散发红外热量最终控制灯具的开启，当人离开后，经过一定时间的延时，自动熄灭。因为不同于声光控灯，不需要声音和开关控制，从而避免了声控噪声的侵扰，同时因为它是感应人体热量控制开关，所以避免了无效电能的损耗，达到节能效果。

当感应红外开关环境照度小于2lx时，如果人在红外探测区内，红外开关接通点亮电灯，开关点亮延时后自动开闭。如果在延时时间段内，活动物体仍然活动（非静止），开关将继续延时，直到活动物体离开探测区后，自动关闭电灯。

安装注意事项：

1）应防雨，如果确实需要在如浴室等潮湿环境下工作时，应充分考虑产品的防潮湿性，用硅胶现场做防潮封闭。

2）安装时不可将线接错，否则不工作。

3）开关第一次通电或断电后再通电，无论白天还是黑夜均会接通电灯，延时结束后（人应离开探测区），自动关闭。之后，正常工作。

红外线控制开关的运行费用包括年耗电量、灯泡消耗量、照明装置的维护费用等，通常情况下运行费用会超过初始投资。

选择发光效能高、使用寿命长的光源可以减少灯泡消耗、降低维护费用，有非常实际的经济意义。

不同自控开关的特点见表1-20。

表1-20　不同自控开关的特点

类型	价格	性能	市场品牌	使用效果	安装	寿命
声光控	低	一般	多而乱	逐渐变差	方便	短
触摸式	中	好	较稳定	不便操作	方便	短
红外式	高	好	不多	好	不方便	较长
感应式	中	好	较少	好	较方便	较长

八、插座

插座的作用是为移动式电器和设备提供电源。它有二极单相二孔插座、三极单相三孔插座、四极三相四孔插座、五极三相五孔插座等种类。开关、插座安装必须牢固、接线要正确，容量要合适。它们是电路的重要设备，直接关系到安全用电和供电。

插座种类有以下四种：普通插座、移动插座、防水插座、嵌入式插座。

※资源准备※

1. 照明施工图

详见"学习单元一项目一任务一"的"资源准备"部分。

2. 硬件资源

包括安装工具及测试仪表、线路敷设器件、照明元器件和配件等。见表1-21。

表1-21 资源准备内容

序号	分类	名称	型号规格	数量	单位
1	安装工具及测试仪表	常用电工箱		1	个
2		验电笔		1	支
3		万用表		1	个
4		绝缘电阻表(习称兆欧表)		1	个
5	线路敷设器件	聚氯乙烯绝缘铜芯线	2.5mm², 红色	1	卷
6		聚氯乙烯绝缘铜芯线	2.5mm², 蓝色	1	卷
7		聚氯乙烯绝缘铜芯线	2.5mm², 黄绿双色	1	卷
8		PVC线管	18mm²	若干	m
9	照明元器件	剩余电流断路器	C65N-63(3P,20A)	1	个
10		剩余电流断路器	C65N-63(1P,3A)	2	个
11		剩余电流断路器	C65N-63(1P,6A)	1	个
12		剩余电流断路器	C65N-63(3P,16A)	2	个
13		吸顶灯	JXD5,40W	1	个
14		双管荧光灯	YG2-2,40W	1	个
15		单相五孔插座	两极单相插座和三极单相插座组合插座,3A	1	个
16		三极单相插座	16A	1	个
17		三线双控开关		2	个
18		暗装底盒	86型	4	个
19		接触器	ESB20	1	个
20		DDC	PXC24	1	个
21		配电箱		1	个
22	配件	绝缘胶布		1	卷

注: 常用电工箱包含钢丝钳、卷尺、一字螺钉旋具、十字螺钉旋具、电工刀、剥线钳、弹簧弯管器和切管器等。

※任务实施※

1. 线路的敷设步骤 (见表1-22)

表1-22 线路敷设步骤

序号	步骤	具体内容	说明
1	识读图样	参照任务一完成	应将所有内容结合理解,相互对照,方能掌握图样全部信息
2	备料	按照"资源准备"部分所述进行备料	

（续）

序号	步骤	具体内容	说明
3	画线	1. 根据平面图确定敷设路径及导线的具体位置 2. 根据平面图确定设备安装的具体位置	在墙面上画线，为开槽做准备。在设备安装的具体位置做好相应标记，为开孔做准备 画线（绘制路径）可以使用铅垂蘸墨或红外线等方式
4	开槽	墙壁和顶棚开槽 	本工作任务中，线路敷设方式采用沿墙壁和顶棚暗装的敷设方式，所以应该先进行墙壁和顶棚的开槽工作
5	开孔	墙面和顶棚开孔 	开孔是为了某些元器件的固定，如过线盒
6	固定过线盒，暗装底盒		暗管直线敷设长度超过 30m 时，中间应加装过线盒。暗装底盒用来安装插座面板和开关面板
7	量取适当长度的 PVC 线管，切割 PVC 线管，弯管，预埋 PVC 线管	根据某卧室照明施工图量取适当长度的 PVC 线管 切割线管 	暗管必须弯曲敷设时，其管线长度应不超过 1.5m，且该段内不得有 S 弯。连续弯曲超过两次时，应加装过线盒。所有转弯处均用弯管器完成，为标准的转弯半径。不得采用国家明令禁止的三通、四通等。施工过程中应注意节约和环保

序号	步骤	具体内容	说明
7	量取适当长度的 PVC 线管,切割 PVC 线管,弯管,预埋 PVC 线管	预埋线管,沿顶棚和墙面预埋   	当线路暗配时,弯曲半径不应小于管外径的 6 倍;当线路埋设在地下或混凝土内时,其弯曲半径不应小于管外径的 10 倍。在暗管孔内不得有各种线缆接头
8	完成过线盒的安装和线管的预埋	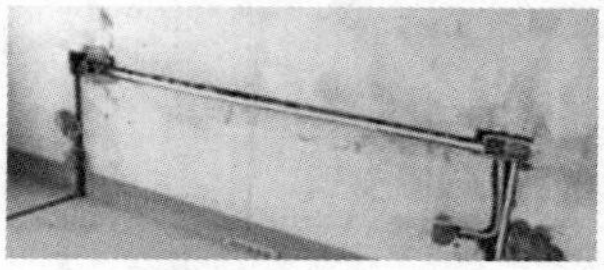	
9	预埋引线	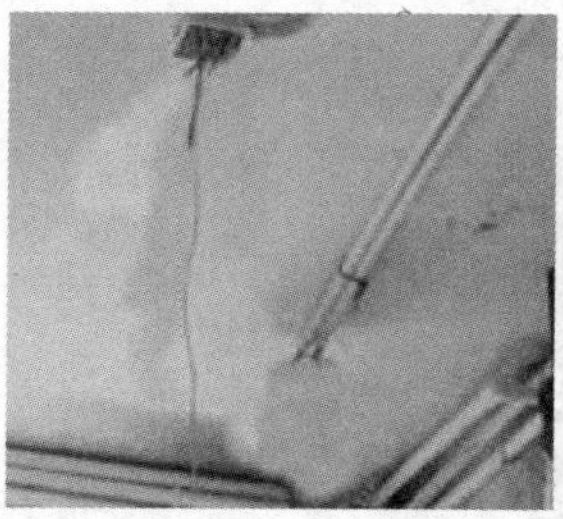	预埋引线是为了后面穿线时方便使用,一般采用细钢丝。 注意钢丝头最好围成椭圆形,这样会比较省力且不卡管,带线的时候要用胶带缠好,避免带电线的时候脱落,如图所示带出电线以后应留有 20~30cm 的线头,以方便盘线头
10	预埋导线	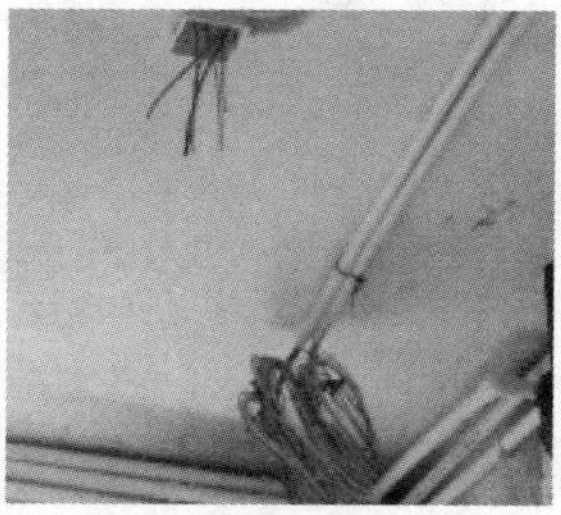	使用上一步预埋的引线进行,注意导线留有余量
11	盘头	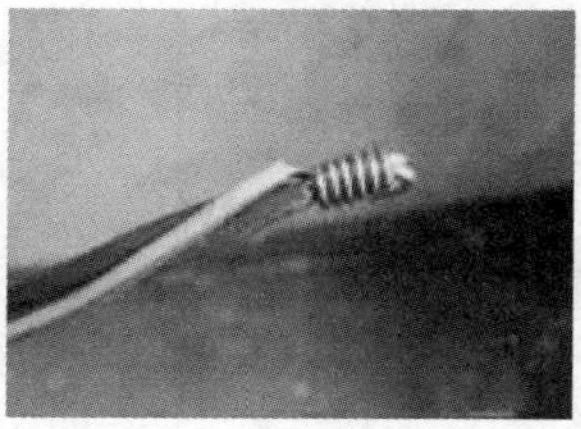	

项目一

项目一

序号	步骤	具体内容	说明
12	涮锡、绝缘	涮锡 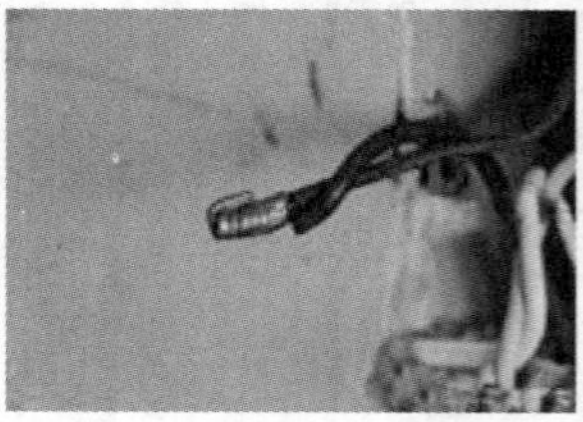 绝缘 	在接灯线时应对盘线头的地方进行涮锡处理。 　1. 将电线剥皮，清除铜线上的氧化物（不能用酸性溶液清洗），用电烙铁蘸上带有松香的焊丝涂满线头就可以了；此法主要用于单股导线和截面积比较小的线，也可用普通焊锡，加焊锡前涂上松香或松香溶液（将松香溶化在酒精里） 　2. 利用焊锡锅（铁制小锅，里面加满焊锡，可以用电炉或其他方法加热熔化焊锡），将电线剥皮，清除导线上的氧化物（不能用酸性溶液清洗），将导线加热后蘸一些松香（或松香溶液），放入焊锡锅蘸一下就可以了 　注意：不能使用焊锡膏或酸性溶液。涮锡待凝固后对它进行绝缘处理，绝缘胶布应均匀缠 3~5 圈
13	标号	为便于之后维修，可对导线进行标号	注意导线两端标号一致
14	进行导线绝缘测试、检查、封端	1. 绝缘电阻的测试 2. 电气线路的通断测试 3. 对检测正常的线路末端进行封端  注意：需要在下一步照明器件的安装任务中进行接线的底盒内导线不进行封端工作。只有不需要在下一步工作任务中进行接线的底盒内的导线需要封端，封端完成后，盖上面板，以做备用。盖上面板后如下图所示 	1. 测量电气设备、线路的绝缘电阻值。将两个表夹子夹到被测电路两端摇动绝缘电阻表手柄，表针指向无穷大，越大越好，一般都要在几十兆欧、几百兆欧以上，经常为无穷大 　2. 测量电气线路的通断。将两个表夹子夹在被测电路的两端，摇动绝缘电阻表手柄，表针必须指向零值，初步判断导线是连通的（表针指零，证明被测电阻非常小，被测点电阻不一定就是零）

2. 照明器件的安装步骤（见表1-23）

表 1-23 照明器件安装步骤

序号	步骤	具体内容	说明
1	识图	参照任务一	应将所有内容结合理解,相互对照,才能掌握图样全部信息
2	备料	见"资源准备"部分	
3	开关的安装	 a) 单刀双掷开关外形 b) 单刀双掷开关内部触点 状态2 L 状态1 c) 连接方法	1. 照明开关通断位置一致,控制有序不错位 2. 安装高度一般为 1.2~1.4m 3. 距门边一般为 0.15~0.3m
4	吸顶灯的安装	 a) 拨开引线 b) 固定底盘	1. 注意底盘要安装牢固 2. 区分 L 和 N 线的安装

项目一

序号	步骤	具体内容	说明
4	吸顶灯的安装	c) 接线 d) 安装护盖	1. 注意底盘要安装牢固 2. 区分 L 和 N 线的安装
5	荧光灯的安装	a) 固定灯座 b) 装上辉光启动器 c) 装上荧光灯	1. 安装荧光灯时必须注意,各个零件的规格一定要配合好,灯管的功率和镇流器的功率相同,否则,灯管不能发光或是使灯管和镇流器损坏 2. 如果所用灯架是金属材料的,应注意绝缘,以免短路或漏电,发生危险

序号	步骤	具体内容	说明
6	插座的安装	正确进行插座的安装（以五孔插座为例，三孔插座一样） a) 插座正面 b) 插座背面	注意插座背面的字母标注，按照标注完成 L、N、PE 线的正确安装
7	照明配电箱的安装	首先在墙内打孔，放入膨胀尼龙，再用自攻螺钉将配电箱固定 	
8	剩余电流断路器的安装	 a) 直接固定在照明配电箱内的滑条上 b) 安装好的照明配电箱	

项目一

项目一

序号	步骤	具体内容	说明
9	接触器的安装	ESB20 a) 安装结构图 b) 原理接线 c) 安装接线图	
10	继电器的安装	a) 继电器单独接线点	

序号	步骤	具体内容	说明
10	继电器的安装	断路器输出 L M1-1 M1 M1 N 负载(灯) M1-2 K1+ K1- b) 继电器与接触器的连接	
11	驱动器与直接数字控制器（DDC）的连接	断路器输出 L M1-1 M1 M1 N 负载(灯) M1-2 K1+ K1- M1-2 M1-1 K1+ K1- DO DO DI DI	DO 开关量输出（控制信号） DI 开关量输入（状态信号）

※任务检测※

1. 线路敷设检测内容（见表 1-24）

表 1-24　线路敷设检测内容

序号	检测内容	检测标准
1	识图备料	备料工作按照"资源准备"部分说明完成
2	画线	根据施工图进行
3	开槽	在需要进行线路敷设的位置开槽,以预埋 PVC 管,根据施工图进行,槽的尺寸与需要预埋的 PVC 管一致
4	开孔	在需要暗装器件的位置开孔,根据施工图进行,孔的大小与需要暗装的器件大小一致
5	预埋过线盒	过线盒应该完全埋入开好的孔内,不能损坏过线盒
6	预埋 PVC 管	PVC 管应沿开好的槽敷设,完全埋入槽内,PVC 管需要弯管处必须符合相关的工艺要求
7	预埋导线	导线的颜色应该符合工艺要求,相线采用红色导线,中性线采用蓝色导线,地线采用黄绿双色线,导线应该留有适当的余量
8	标号	标号应该清晰,完整
9	导线绝缘测试、检查、封端	1. 测量线路绝缘时,相线与相线 $\geqslant 0.38M\Omega$,相线与中性线 $\geqslant 0.22M\Omega$ 2. 线路连接准确无误,没有短路、断路的情况 3. 作为备用的部分必须封端,需要进行接线时再去掉封端

2. 照明器件的安装检测内容（见表 1-25）

表 1-25　照明器件安装检测内容

序号	检测内容	检测标准
1	识图备料	备料工作按照"资源准备"部分说明完成
2	开关的安装	1. 照明开关通断位置一致,控制有序不错位,既方便实用,也可以给维修人员提供安全操作保障。如位置紊乱,不切断相线,易给维修人员造成错觉,检修时较易造成触电事故 2. 安装位置是否符合国家标准(高度:1.2~1.4m;距门:0.15~0.3m)
3	照明灯具的安装	1. 引向单个灯具的电线是指从配电回路的灯具接线盒引向灯具的这一段线路。这段线路常采用柔性金属导管保护。电线最小允许截面积应大于或等于 1mm² 2. 卫生间内灯具容易受潮而使玻璃灯罩或灯管等爆裂,为避免造成人身伤害,灯具安装时应注意位置的选择
4	插座的安装	1. 中性(N)线和保护接地(PE)线不能混同,应严格区分 2. 保护接地(PE)线在插座间不得串联连接,相线和中性线不得利用插座本体的接线端子转接供电 3. 在潮湿场所(厨房、卫生间、开水间)选用防溅水型插座
5	交流接触器的安装	1. 安装在 35mm 导轨上 2. 安装深度 68mm
6	继电器的安装	将选型正确的继电器插接在底座上
7	驱动设备与 DDC 的连接	能够准确地将接触器、继电器与 DDC 的输入、输出端子相连接

※知识扩展※

一、照明的基本概念

1. 光源的主要特征

(1) 色调　光源的视觉特性叫作色调。不同颜色的光源所发出的光或者在物体表面反射的光,会直接影响人们的视觉效果。如红、橙、黄、绿、棕色光等给人以温暖的感觉,这些光叫作暖色光;蓝、青、绿、紫色的光等给人以寒冷的感觉,叫作冷色光。

常见的光源色调见表 1-26。

表 1-26　常见的光源色调

光源	色调	光源	色调
白炽灯、卤钨灯	偏红橙色光	高压钠灯	金黄色光,红色成分较多,蓝色成分不足
日光型荧光灯	与自然光相近的白色光	金属卤化物灯	接近于日光的白色光
荧光高压汞灯	浅蓝绿色,缺乏红色	氙气灯	非常接近于日光的白色光

(2) 显色性　不同光谱的光源照射在同一颜色的物体上时呈现的颜色是不同的,这种特性称为显色性,如图 1-12 所示。

(3) 色温　光源发射的颜色与黑体在某一温度下辐射的光色相同时,黑体的温度叫作该光源的色温。据实验,将一具有完全吸收与放射能力的标准黑体加热,温度逐渐升高,光度也随之改变,黑体曲线可显示黑体由红→橙红→黄→黄白→蓝白的变化过程。可

a) 复合光谱

b) 带状光谱

c) 线状光谱

图 1-12　显色性图解

见光源发光的颜色与温度有关。常用光源的色温见表 1-27。

表 1-27　常用光源的色温

光源	色温/K	光源	色温/K
白炽灯	2800~2900	高压汞灯	5500
卤钨灯	3000~3200	高压钠灯	2000~2400
日光型荧光灯	4500~6500	金属卤化物灯	5500
白色荧光灯	3000~4500	镝灯	5500~6000
暖色荧光灯	2900~3000	卤化锡灯	5000
氙气灯	5500~6000		

（4）眩光　光由于时间或空间上分布不均匀，易造成人们视觉不适。这种光叫作眩光。眩光是衡量照明质量的一个参数。

产生眩光的主要因素如下：

1）周围暗，此时眼睛能适应的亮度很低。

2）光源的亮度高。

3）光源靠近视线。

4）光源的表观面积和数量。

眩光分为如下几种：

1）直射眩光。

2）反射眩光。

3）光幕眩光。

2. 光的相关物理量

（1）光通量　光通量的实质是通过人的视觉来衡量光的辐射通量。光源在单位时间内向周围空间辐射并引起人们视觉的能量变化。发光体每秒钟所发出的光量总和，即光通量。它用"Φ"表示，单位为 lm（流明）。

例如：手电筒小灯泡，6lm；100W 白炽灯，1038lm；1000W 白炽灯，15870lm。

（2）发光强度　发光强度简称光强，是光源在指定方向上单位立体角内发出的光通量，也可称为光通量的立体角密度。它用"I"表示，单位为 cd（坎德拉）。

光通量的立体角和发光强度分别如图 1-13 所示。

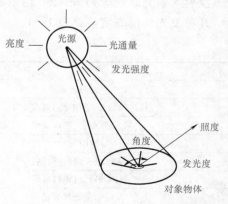
图 1-13　光通量的立体角和发光强度

（3）照度 照度用于衡量光照射在某个面上的强弱，用被照面上光通量的面密度表示。通常把物体表面所得到的光通量与这个物体表面积的比值叫作照度。照度用符号 E 表示，照度的单位是 lx（勒克斯）。即在 $1m^2$ 的面积上得到 1lm 的光通量，那么照度就是 1lx，即 $1lx = 1lm/m^2$。

各种环境条件下被照表面的照度见表 1-28。

表 1-28　常见被照表面的照度

被照表面	照度/lx
朔日星夜地面	0.002
望日月夜地面	0.2
读书所需最低照度	>30
晴天采光良好的室内	100～500
晴天室外太阳散光下的地面	1000～10000
夏日中午太阳直射的地面	100000

图书馆照度标准值见表 1-29。

表 1-29　图书馆照度标准值

房间或场所	参考平面及其高度	照度标准值/lx
一般阅览室	0.75m 水平面	300
国家、省市重要图书馆的阅览室	0.75m 水平面	500
老年阅览室	0.75m 水平面	500
珍善本、舆图阅览室	0.75m 水平面	500
陈列室、目录厅（室）、出纳厅	0.75m 水平面	300
书库	0.25m 垂直面	50
工作间	0.75m 水平面	300

（4）亮度 通常把发光面发光的强弱或反光面反光的强弱叫作亮度。用"L"表示，单位为 cd/m^2（坎德拉/平方米），即从一个表面反射出来的光通量。

不同物体对光有不同的反射系数或吸收系数，光的强度可用照在平面上的光的总量来度量，这种光称为入射光或照度。若用从平面反射到眼球中的光量来度量光的强度，这种光称为反射光或亮度。例如，一般白纸大约吸收入射光量的 20%，反射光量为 80%；黑纸只反射入射光量的 3%。所以，白纸和黑纸在亮度上差异很大。

几种发光体的亮度值见表 1-30。

表 1-30　几种发光体的亮度值

发光体	亮度/（cd/m^2）
太阳表面	2.25×10^9
从地球表面（子午线）观察太阳	1.60×10^9
晴天的天空（平均亮度）	8000
微阴天空	5600
从地球表面观察月亮	2500
充气钨丝白炽灯表面	1.4×10^7
40W 荧光灯表面	5400
电视屏幕	1700～3500

二、照明种类

1. 按照明方式分类

一般分为以下 3 种,见表 1-31。

表 1-31　按照明方式分类的照明种类

照明方式	说　明	适用场所
一般照明	为照亮整个工作场地而设置,灯具布置基本均匀	适用于对光照方向无特殊要求,或受条件限制不适合装设局部照明的场所
局部照明	为满足某些特殊要求、特殊场合而设置的照明	适用于局部地点要求照明高度,有照射方向的场所或需要遮挡或克服反射的场所
混合照明	一般照明与局部照明共同组成的照明	适用于照度要求高,有照射方法要求的场所

2. 按照明功能分类

可分为以下 5 种,见表 1-32。

表 1-32　按照明功能分类的照明种类

功能	说　明
正常照明	又称工作照明,是正常情况下使用的室内外照明。一般单独使用,也可与应急照明、值班照明同时使用,但控制线路必须分开
应急照明	正常照明因故障熄灭后,供事故情况下继续工作和安全通行的照明。包括备用照明、安全照明和疏散照明等
值班照明	非工作时间值班人员使用的照明。值班照明一般利用正常照明中单独控制的一部分照明
警卫照明	用于警卫一个区域使用的照明。根据警卫性质、任务和特点来装设
障碍照明	根据民航和交通部门的有关规定,在建筑物上装设的作为障碍标志的照明

三、照明的基本要求

1. 照度要求

当代的照明已进入一个更高的层次,既要考虑照度、显色性、均匀度、对比度,又要考虑灯光与环境协调性、舒适度、安全性等因素。对办公场所、家居、商业、工业、景观、城市亮化、道路进行照明设计时,许多设计师及照明专家都很明显地将健康、安全、环保作为主题思想及出发点。

国际照明委员会(CIE)对于不同区域或活动推荐的照度范围见表 1-33。

表 1-33　CIE 对于不同区域或活动推荐的照度范围

区域或活动的类型	推荐照度值/lx		
	低	中	高
室外建筑和工作区	20	30	50
交通区、简单判别方位或短暂访视	50	75	100
非连续使用的房间	100	150	200
有相当费力的视觉要求的作业	500	700	1000
有很困难的视觉要求的作业	750	1000	1500
有特殊视觉要求的作业	1000	1500	2000

2. 显色性要求

显色性一般用显色指数 Ra 表示，其值越大，显色性越好。下面给出不同场所显色指数的一般要求：

90~100 为优良，用于需要色彩精确对比的场所。

80~89 用于需要色彩正确判断的场所。

60~79 用于需要中等显色性的场所。

40~59 用于对显色性的要求较低、色差较小的场所。

20~39 用于对显色性无具体要求的场所。

3. 限制眩光

限制眩光，除了考虑灯具的特性外，还要考虑灯具主要方位上的亮度分布以及灯具亮度的范围限制。一般直接眩光的质量等级分为三级。

(1) Ⅰ级　在有特殊要求的高质量照明房间，如计算机房、制图室等要求无眩光感。

(2) Ⅱ级　在照明质量要求一般的房间，如办公室和候车室等，允许有轻微眩光。

(3) Ⅲ级　在照明质量要求不高的房间，如仓库、厨房等，可以放宽到有眩光感。

四、照明灯具发展新趋势——LED 灯具

LED 灯具，是指能透光、分配和改变 LED 光源分布的器具，包括除 LED 光源外所有用于固定和保护 LED 光源所需的零、部件，以及与电源连接所必需的线路附件。

LED 灯具具有高效、节能、长寿、小巧等技术特点，正在成为新一代照明市场的主力产品，促进了环保节能产业的发展。

目前市面上常见的 LED 照明灯具类型主要有 LED 射灯、LED 灯带、LED 灯管、LED 灯泡、LED 灯珠、LED 车灯、LED 强光手电筒、LED 投光灯等产品。

任务三　室内照明系统的调试

※任务描述※

室内照明系统同汽车生产一样，在出厂之前需要进行检测与调试。本任务主要完成对开关、照明设备设施、照明配电箱的检测与调试，使学生能够对应照明系统图检查照明开关与照明灯具是否一一对应，能够借助常用电工工具完成室内照明系统的检测与调试。

※相关知识※

室内照明系统的调试包括对各种灯具、开关、插座、DDC 扩展模块、网络控制器等进行检测，学生需要掌握绝缘电阻表的正确使用方法，了解绝缘电阻的正确测量方法，知道照明设备调试的相关要求。

一、绝缘电阻表

1. 使用方法

（1）绝缘电阻表的选择

根据不同的电气设备选择绝缘电阻表的电压测量范围。对于额定电压在500V以下的电气设备，应选用电压等级为500V或1000V的绝缘电阻表；额定电压在500V以上的电气设备，应选用1000~2500V的绝缘电阻表。

（2）测试前的准备

测试前将被测设备电源切断，并短路接地放电3~5min，特别是电容量大的，更应充分放电以消除残余静电荷引起的误差，保证正确的测量结果以及人身和设备的安全；被测物表面应擦干净，以减少接触电阻，因为绝缘物表面的污染、潮湿对绝缘的影响较大；对于可能感应出高压电的设备，必须首先消除这种可能性；绝缘电阻表在使用前应平稳放置，远离大的外电流导体和外磁场。

测量前对绝缘电阻表本身进行检查，确认绝缘电阻表是否处于正常工作状态，主要检查"∞"和"0"两点，即"开路检查"和"短路检查"。

开路检查：两根线不要绞在一起，将发电机摇动到额定转速，指针应指在"∞"位置。短路检查：将表笔短接，缓慢转动发电机手柄，看指针是否到"0"位置。若"∞"或"0"达不到，说明绝缘电阻表本身为非正常工作状态，必须进行检修，检修合格后方能使用。

（3）接线

一般绝缘电阻表上有三个接线柱，"L"表示"中性线"或"相线"接线柱；"E"表示"地"接线柱；"G"表示屏蔽接线柱（也叫保护环）。一般情况下，被测绝缘电阻接在"L"和"E"接线柱之间，用有足够绝缘强度的单相绝缘线将"L"和"E"分别接到被测物导体部分和被测物的外壳或其他导体部分（如测相间绝缘）。在特殊情况下，被测绝缘体表面漏电严重，如被测物表面受到污染不能擦干净、空气太潮湿或者有外电磁场干扰等，就在被测物的电缆外表加一个金属屏蔽保护环，并将金属屏蔽保护环与绝缘电阻表的"G接线柱"相连，以消除表面漏电流或干扰对测量结果的影响。

特别注意：一定不能将"L"和"E"、"L"和"G"接线柱接反。正确的接法是"L"接线柱接被测设备导体，"E"接线柱接到接地的设备外壳，"G"接线柱接到被测设备的绝缘部分。如果将"L"和"E"接反了，流过绝缘体内及表面的漏电流经外壳汇集到地，由地经"L"流进测量线圈，使"G"失去屏蔽作用而给测量带来很大误差。另外，因为"E"端内部引线同外壳连接的绝缘程度比"L"端与外壳连接的绝缘程度要低，当数字绝缘电阻表放在地上使用时，采用正确接线方式，"E"端对仪表外壳和外壳对地的绝缘电阻，相当于短路，不会造成误差，而且当"L"与"E"接反时，"E"对地的绝缘电阻与被测绝缘电阻并联，而使测量结果偏小，给测量带来较大误差。

（4）测量

摇动发电机使转速达到额定转速（120r/min）并保持稳定。一般以1min以后的读数为准，当被测物电容量较大时，应延长时间，以指针稳定不变时为准。

（5）拆线

在绝缘电阻表没停止转动和被测物没有放电以前，不能用手触及被测物和进行拆线工作，必须先将被测物对地短路放电，然后再停止绝缘电阻表的转动，防止电容放电损坏绝缘电阻表。

2. 注意事项

1）绝缘电阻表使用时必须平放。

2）绝缘电阻表转速为 120r/min。

3）自查：开路试验和短路试验。

① 开路试验：绝缘电阻表转速达到 120r/min，指针应在"∞"处。

② 短路试验：慢慢地转动绝缘电阻表，指针应在"0"处。

4）电动机的绕组间、相与相、相与外壳的绝缘电阻应不小于 0.5MΩ。

5）移动电动工具绝缘电阻应不小于 2MΩ。

6）线路绝缘：相线与相线之间绝缘电阻应不小于 0.38MΩ，相线与中性线之间绝缘电阻应不小于 0.22MΩ。

7）中小型电动机绝缘电阻的测量一般选用电压 500~1000V 型绝缘电阻表。

8）如果测得某条相线与其他相线之间绝缘电阻为零，则说明这条相线与其他相线之间短路。

9）如果测得某条相线与中性线之间绝缘电阻为零，则说明这条相线与中性线之间短路。

10）如果测得某条相线绝缘电阻为 0.1MΩ 或 0.2MΩ，则说明这条相线绝缘性能已经降低。需要采取维修措施，不能继续使用。

11）电气设备的绝缘电阻值越大越好。

二、钳形电流表

钳形电流表是由电流互感器和电流表组合而成的。捏紧扳手时，电流互感器的线圈张开，松开扳手时闭合。被测电流所通过的导线可以不必切断就可穿过铁心张开的缺口，从而进行电流的测量。

1. 使用方法

通常用普通电流表测量电流时，需要将电路切断停机后才能将电流表接入进行测量，这很不方便，有时正常运行的电动机不允许这样做。此时，使用钳形电流表则非常方便，可以在不切断电路的情况下来测量电流，而且检测误差小。

捏紧扳手，电流互感器线圈张开；使被测导线（电线）穿过钳形电流表；松开扳手，电流互感器线圈闭合。此时，即可进行测量。

钳形电流表分为平均值检测钳形电流表和真有效值钳形电流表。平均值钳形电流表通过交流检测，检测正弦波的平均值，并将放大 1.11 倍（正弦波交流）之后的值作为有效值显示出来。波形率不同的正弦波以外的波形和歪波也同样放大 1.11 倍后显示出来，所以会产生指示误差。因此，检测正弦波以外的波形和歪波时，应该选用真有效值钳形电流表。

钳形电流表还可以用来进行漏电检测。进行漏电检测时，与通常的电流检测不同。两根（单相两线式）或三根（单相三线式，三相三线式）要全部夹住，也可夹住接地线进行检测。在低压电路上检测漏电电流的绝缘管理方法，已成为首要的判断手段，自其 1997 年被确认以来，在不能停电的楼宇和工厂，便逐渐采用钳形电流表检测漏电电流来判断低压线路的绝缘情况。

2. 注意事项

用钳形电流表检测电流时，只要使一根被测导线（电线）穿过钳形电流表即可，如果两根被测导线（电线）穿过钳形电流表，则不能检测电流。用直流钳形电流表检测直流电流时，如果电流的流向相反，则显示出负数，可使用该功能检测汽车的蓄电池是充电状态还是放电状态。

※资源准备※

1. 电气照明施工图

详见"学习单元一项目一任务一"的"资源准备"部分。

2. 硬件资源

包括安装工具及测试仪表、照明元器件和配件等，见表1-34。

表 1-34 硬件资源

序号	分类	名称	型号规格	数量	单位
1	安装工具及测试仪表	常用电工箱		1	个
2		验电笔		1	个
3		万用表		1	个
4		绝缘电阻表		1	个
5		钳形电流表		1	个
6		照度仪		1	个
7		对讲机		1	台
8	照明元器件	剩余电流断路器	C65N-63(3P,20A)	1	个
9		剩余电流断路器	C65N-63(1P,3A)	2	个
10		剩余电流断路器	C65N-63(1P,6A)	1	个
11		剩余电流断路器	C65N-63(3P,16A)	2	个
12		吸顶灯	JXD5,40W	1	个
13		双管荧光灯	YG2-2,40W	1	个
14		单相五孔插座	两极单相插座和三极单相插座组合插座,3A	1	个
15		三极单相插座	16A	1	个
16		单极三线双控开关		2	个
17		暗装底盒	86 型	4	个
18		接触器	ESB20	1	个
19		DDC	PXC24	1	个
20		网络控制器		1	个
21		配电箱		1	个
22	配件	绝缘胶布		1	卷

注：常用电工箱包含钢丝钳、卷尺、一字螺钉旋具、十字螺钉旋具、电工刀、剥线钳、弹簧弯管器和切管器等。

※任务实施※

任务实施步骤见表1-35。

表 1-35　任务实施步骤

序号	步骤	具体内容	说　明
1	调试前准备工作	1. 准备测量仪表:500V 绝缘电阻表、万用表、钳形电流表、照度仪 2. 测试照明配电箱内二次回路电气元件及接线进行检查 3. 按照设计图要求检测所有设备与元件的规格、型号	照明系统通电试运行时,应检查核对灯具回路控制与照明配电箱及回路的标识是否一致、开关与灯具控制顺序是否相对应、风扇的转向及调速开关是否正常,剩余电流动作保护装置动作是否正确,以保证施工质量和设计的预期功能相符合
2	照明配电箱内导线绝缘电阻测试	导线穿管后,把导线头分开,与导体绝缘,在照明配电箱处用 500V 绝缘电阻表测试每一个回路的绝缘电阻值,同时记录下来,作为原始记录,导线绝缘电阻值测试大于 0.5MΩ,照明配电箱及灯具才能接线	绝缘电阻的检测是为了避免因为绝缘电阻不符合国标规定而发生电气火灾
3	使用网线将网络控制器与计算机相连	 计算机	
4	利用计算机软件进行照明灯具的控制测试	1. 现场与照明配电间各安排两名工人,检查设备元件 2. 现场工人用对讲机通知照明配电间内的工人,双方用万用表校验线路敷设是否符合设计图,确认无误后,用 500V 绝缘电阻表测试电缆绝缘电阻 3. 准备送电前,配电间内两名工人要用对讲机通知现场工人,确认能送电的情况下才能合闸送电 4. 现场配电箱有电后,通过用万用表确认灯具回路不短路,再把分支回路送上电,安排工人到照明箱控制区域查看灯具必须都开启后,才能用钳形电流表检测电缆回路电流与照明配电柜显示的电流是否一致,确认一致后,再用钳形电流表检测照明配电箱内的每个回路的电流,且每 2h 检测记录运行状态 1 次,记录数据作为原始资料保存,连续 24h 内无故障,通电试运行才为合格 5. 在所有设备通电试运行合格后,其中一人在中控室操作计算机软件,另外多人分别在不同位置,通过对讲机进行测试结果的确认	电缆绝缘电阻测试大于 0.5MΩ 才能送电

序号	步骤	具体内容	说　明
5	照明灯具通电试运行测试	1. 对照明配电箱内控制回路的断路器及翘板控制开关进行安全检查 2. 灯具安全检查 3. 插座的检查	开关要求： 　1. 产品额定电流符合设计要求 　2. 开关操作部位零部件要灵活、接触可靠 　3. 同一建筑物、构筑物内的开关采用同一系列产品 　4. 开关的通断位置一致 　5. 开关安装高度 1.3m，距门边不大于 0.2m 　6. 同一场所安装高度一致 　7. 相线经开关控制 　8. 开关进出线连接紧固无松动、锈蚀 　9. 在潮湿场所采用防潮型开关，密封垫圈完好 　10. 开关没有损坏，导体没有露出部分 　11. 开关表面光滑整洁、美观，无碎裂、划伤，装饰帽齐全 灯具要求： 　1. 产品型号符合设计要求 　2. 灯具重量大于 3kg 要固定在螺栓上 　3. 灯具固定牢固可靠，使用塑料膨胀管及螺钉，固定点不少于 2 个 　4. 灯具带电部件的绝缘材料以及提供防触电保护的绝缘材料，耐燃烧和防明火 　5. 灯具安装高度大于 2.4m 　6. 灯具的裸露导体有标识的专用接地螺栓与（PE）接地线可靠连接
6	照明灯具照度测试	将公共区域的照明灯具按照不同要求进行开启，使用照度仪进行照度的检测	1. 检查照明配电箱、线路及灯具绝缘电阻值符合送电要求 　2. 在照明配电间及现场照明配电箱各安排两人，检查线路运行情况，在灯具亮度区域内安排两人检测亮度 　3. 现场检查完毕后，现场照明箱处工人用对讲机通知配电间内工人送电，送电完毕后，照明间工人通知现场照明箱处工人电已送上，现场工人确认已送上，才能合上分支回路的断路器
7	照明系统调试记录	将照明系统调试的状况进行汇总	

项目一

— 41 —

※任务检测※

任务检测内容见表1-36。

表1-36　任务检测内容

序号	检测内容	检测标准
1	测试前准备工作	1. 能够正确使用各种测量仪表 2. 能够按图样检查设备的对应情况
2	照明配电箱内导线绝缘电阻测试	能够正确使用绝缘电阻表进行照明配电箱内导线绝缘电阻的测试,电缆绝缘电阻测试大于0.5MΩ才能送电
3	照明配电箱通电试运行测试	能够正确使用钳形电流表进行照明配电箱的通电运行测试,通断正常运行
4	照明灯具通电试运行测试	1. 能够对照明灯具进行正常的通断测试 2. 能够在通电试运行测试中实现提前设定的模式
5	照明灯具亮度测试	能够正确使用照度仪进行公共区域照度的测试
6	照明系统测试记录	将照明系统调试的状况进行汇总

※知识扩展※

智能照明研究

照明作为现代智能建筑中的主要能耗,建立一个智能化的照明监控系统在环保和节能方面具有非常重要的意义。照明监控系统对于实现现代智能建筑各个区域照明系统的智能化管理必不可少。在实际应用中,照明监控系统常用于各类大厦、高层公寓、大型购物中心、体育馆、会议中心、智能住宅小区和公共场所等。

本照明监控系统是一个简便易行、功能齐全、适应性与经济性极强的控制系统。智能照明系统示例图如图1-14所示。它主要包括公共区域照明、楼道照明、景观照明。系统采用DDC为控制主机,器件选用市面上主流的光照度开关和动静探测器为信号采集设备,编程语言具有编程简单、控制灵活、灵敏度高等优点,学生在学习照明监控系统的同时也可以学到DDC技术在智能楼宇中的应用。

系统主要分为基本照明和应急照明两大部分。基本照明分为楼道照明和建筑景观照明,楼道照明分为动静探测照

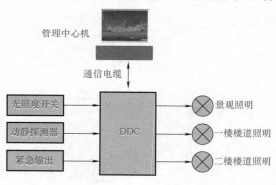

图1-14　智能照明系统示例图

明和声光控照明,系统根据DDC主机采集到安装在楼道中传感器的开关信号来控制楼道灯的状态。建筑景观照明是光控照明,系统根据DDC主机采集到安装在室外环境中的光照度开关的信号来决定建筑景观灯的开启情况。紧急照明主要是在环境出现紧急情况(如大楼火灾等)时方便人员安全离开建筑物。

外部景观灯的工作是根据外部光照度的强弱做出反应,当光照强度低于设定的值时,光照度开关内部继电器动作,使自身的常开触点闭合,相当于DDC的UI1接通,故DO14

就动作。一楼楼道照明灯的工作是以被动红外信号为采集对象，当被动红外信号接收器处于待命状态时，有信号输出，当探测到该区域有人体活动或其他热源时，它本身的常闭信号变为常开，DDC 可以根据它的变化做出对应动作，同时也可以对输出进行延时。二楼楼道照明灯是通过安装在该区域内的声光控开关控制的，输出的时间根据该开关本身的输出延时时间来决定，非紧急情况下不受 DDC 控制。紧急情况下按下紧急按钮，可以打开楼道以及外部景观的所有照明灯具，可以方便在某种紧急情况（如火灾等）下的人员疏散。

　　智能照明系统接线图如图 1-15 所示。

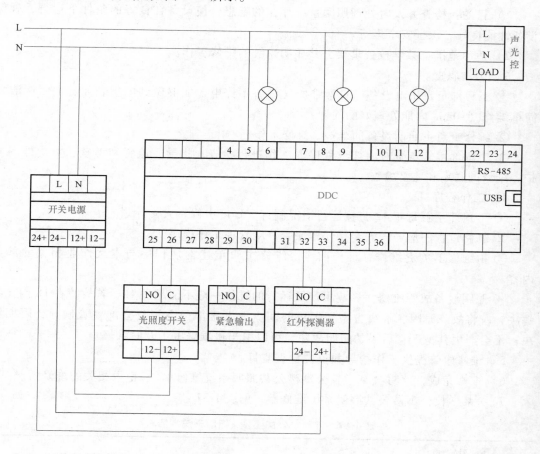

图 1-15　智能照明系统接线图

任务四　室内照明系统的维护

※任务描述※

本任务将完成对某学校公寓楼内公共照明系统的日常维护工作。

某学校某栋公寓楼的某个卧室室内照明系统突然发生异常，荧光灯无法点亮，请借助常用电工工具，按照 GB/Z 26210—2010《室内电气照明系统的维护》、维修电工国家职业标准、《某学校公寓楼公共照明系统维护管理制度》完成这次维修工作，并且正确填写《某学校公寓楼公共照明系统维修单》。

※相关知识※

一、某学校公寓楼公共照明系统维护管理制度

1）目的：检查并及时处理照明系统存在的隐患，使设备在良好的条件下运行，确保设备性能良好，保证安全运行。

2）适用范围：某学校公寓楼公共照明系统的维修工作。

3）工作职责。

① 工程部负责机电设备的日常维护（设备不停电，能够做到电柜表面、地面清洁）、简单维修（10min 内能处理好的问题）。

② 维修工负责照明设备的维护、维修工作。

③ 工程部主管负责对内部维修保养工作进行检查、指导、监督和考核，负责外围养护、维修的联系和监督检查。

4）工作程序。

① 工程部主管每年 12 月按运行情况制订下年度中修、大修计划。

② 维修过程中应遵守安全操作程序、停电管理工作程序。

③ 由维修工负责维修，维修前，由维修主管重述本规程中与本次作业相关的部分内容。

④ 照明设备故障维修。影响生产及运行的维修一般不能超过 1h，若故障在 1h 内无法解决，应将故障原因、解决方案、解决时间立即上报部门主管及公寓主管领导，限期解决；不会产生其他严重后果的照明故障，可以由当班维修电工及时维修。

5）维修主管提供工作指导并负责检查监督。

6）维修完成，填写《某学校公寓楼公共照明系统维修单》，记录相关的维修情况。

7）《某学校公寓楼公共照明系统维修单》见表 1-37。

表 1-37　某学校公寓楼公共照明系统维修单

维修地点			
工作时间	自＿＿年＿＿月＿＿日＿＿时＿＿分至＿＿年＿＿月＿＿日＿＿时＿＿分		
维修要求	1. 按照 GB/Z 26210—2010《室内电气照明系统的维护》进行 2. 按照维修电工国家职业标准进行 3. 按照《某学校公寓楼公共照明系统维护管理制度》进行 4. 严格遵守电工操作安全规程 5. 完成检修后通电调试正常		
故障现象			
故障排除过程及结论			
耗材使用情况			
维修主管			
维修人员			

二、照明元器件常见故障及检修方法

1. 熔断器常见故障及检修方法（见表 1-38）

表 1-38　熔断器常见故障及检修方法

故障现象	产生原因	检修方法
熔体熔断	短路故障	排除短路故障点，更换新的熔断器
	过载运行	找出过载原因并解决，更换新的熔断器
	熔断器使用时间过长，熔体受氧化或运行中温度高，使熔体误断	更换新的熔断器
	熔断器安装时有机械损伤，使其截面积变小而在运行中引起误断	更换新的熔断器

2. 剩余电流断路器常见故障及检修方法（见表 1-39）

表 1-39　剩余电流断路器常见故障及检修方法

故障现象	产生原因	检修方法
剩余电流断路器误动作，甚至合不上闸	剩余电流断路器本身故障	将全部负荷断开连接，按下漏电测试按钮进行测试。若合闸与跳闸正常，则说明断路器本身无故障；否则更换断路器
	线路出现故障	检查线路是否老化、有无漏电，并对不符合安全要求的线路进行修复
	用电设备绝缘不良	用电笔检测设备外壳是否带电，并排除故障
	线路接线出现错误	检查是否有被保护线路的负荷接在了断路器前面，检查穿过保护器的工作零线是否有重复接地的现象
剩余电流保护失效	剩余电流断路器本身故障	将全部负荷断开连接，按下漏电测试按钮进行测试。若合闸与跳闸正常，则说明断路器本身无故障；否则更换断路器
	配电变压器中性点未接地或接地不良	检查配电变压器中性点接地情况，防止触、漏电电流不能构成回路而使断路器不能动作

3. 开关常见故障及检修（见表 1-40）

表 1-40　开关常见故障及检修

故障现象	产生原因	检修方法
开关无法按下	开关面板发生错位	移动开关位置
	机械故障，开关损坏	更换开关
开关能按下，却不能点亮荧光灯	开关接线脱落	恢复接线

4. 插座常见故障及检修方法（见表 1-41）

表 1-41 插座常见故障及检修方法

故障现象	产生原因	检修方法
无法取电	停电	电源正常时再处理
	熔丝烧断	更换合适的熔丝
	插孔接触片松开或者断裂	松开则调整接触片;断裂则更换接触片或插座
	接线端子处线头掉落	修复接线端子接线
用电器插头插接不稳,容易自行脱出插座	插头与插座不匹配,插头接线柱过细	更换相匹配的插头
	用电器电源引线承载过大重量	减轻用电器电源引线承载重量
用电器插头插入插座即烧断熔丝	插头接线桩短路	排除短路故障
	用电器内部短路	
在三孔插座上取电时用电器外壳带电	接线孔和相线的线头搭接	整理接线,排除搭接
	接地线头连接处断开	重新进行接地线连接

5. 荧光灯常见故障及检修方法（见表 1-42）

表 1-42 荧光灯常见故障及检修方法

故障现象	产生原因	检修方法
不能发光或发光困难,灯管两头发亮或灯光闪烁	电源电压太低	不必修理
	接线错误或灯座与灯脚接触不良	检查线路和接触点
	灯管衰老	更换新灯管
	镇流器配用不当或内部接线松脱	修理或调换镇流器
	气温过低	加热或加保温罩
	辉光启动器配用不当,接线断开、电容器短路或触点熔焊	检查后更换
灯管两头发黑或生黑斑	灯管陈旧,寿命将终	调换灯管
	电源电压太高	测量电压并适当调整
	镇流器配用不合适	更换适当镇流器
	如系新灯管,可能因新辉光启动器损坏而使灯丝发光物质加速挥发	更换辉光启动器
	灯管内水银凝结,属正常现象	将灯管旋转 180° 安装
灯管寿命短	镇流器配合不当或质量差,电压失常	选用适当的镇流器
	受到剧烈振动,致使灯丝振断	换新灯管,改善安装条件
	接线错误致使灯管烧坏	检修线路后使用新灯管
	电源电压太高	调整电源电压
	开关次数太多或灯光长时间闪烁	减少开关次数
镇流器有杂声或电磁声	镇流器配合不当或质量差,铁心未夹紧或沥青未紧封	调换镇流器
	镇流器过载或内部短路	检查过载原因,调换镇流器,配用适当灯管
	辉光启动器不良,启动时有杂声	调换辉光启动器
	镇流器有微弱响声	属于正常现象
	电压过高	设法调整电压

故障现象	产生原因	检修方法
镇流器过电流	灯架内温度太高	改进装接方式
	电压太高	适当调整
	线圈匝间短路	处理或更换
	过载，与灯管配合不当	检查调换
	灯光长时间闪烁	检查闪烁原因并修复

※资源准备※

1. 照明施工图

详见"学习单元一项目一任务一"的"资源准备"部分。

2. 硬件资源

安装工具及测试仪表、线缆及配件见表1-43。

表1-43 硬件资源

序号	分 类	名 称	型号规格	数量	单位
1	安装工具及测试仪表	常用电工箱		1	个
2		验电笔		1	个
3		万用表		1	个
4		绝缘电阻表		1	个
5	线缆	聚氯乙烯绝缘铜芯线	$2.5mm^2$，红色	1	卷
6		聚氯乙烯绝缘铜芯线	$2.5mm^2$，蓝色	1	卷
7		聚氯乙烯绝缘铜芯线	$2.5mm^2$，黄绿双色	1	卷
8		聚氯乙烯硬质线管	$18mm^2$	1	卷
9	配件	绝缘胶带		1	卷

注：常用电工箱包含钢丝钳、卷尺、一字螺钉旋具、十字螺钉旋具、电工刀、剥线钳、弹簧弯管器和切管器等。

※任务实施※

1. 日常维护项目（见表1-44）

表1-44 日常维护项目

序号	维护项目	说 明
1	不定期测定荧光灯、开关及线路的绝缘电阻，系统的绝缘电阻	系统的绝缘电阻应该不低于 $0.5M\Omega$ 师傅点拨 使用绝缘电阻表测量即可

项目一

序号	维护项目	说　明
2	定期检查照明系统的熔断器是否良好 	应无烧断情况 师傅点拨 使用万用表通断档或者电阻档测量熔断器即可
3	定期检查照明线路	应无导线脱落情况 师傅点拨 若无新的施工工作,线路一般不会脱落,目测观察即可
4	定期检查电源箱内的剩余电流断路器有无烧损情况(每月至少一次) 	应无烧损情况 师傅点拨 注意每月按下漏电测试按钮,进行剩余电流保护测试
5	定期检查开关是否完好 	外壳完好无损,开关按动时灵活 师傅点拨 用手反复按下开关即可。注意在断开照明电源的情况下进行,防止造成荧光灯的反复开关
6	定期检查插座是否有电	使用万用表或验电笔,电源应该正常 师傅点拨 可能出现断电、插接不稳现象
7	定期检查荧光灯并进行清理	师傅点拨 清理时注意使用干抹布,如果使用湿抹布请注意擦干

2. 维修项目

根据照明元器件常见故障及检修方法进行。

※任务检测※

任务检测内容见表 1-45。

表 1-45　任务检测内容

任务	序号	项目	检测标准
室内照明系统的维护	1	系统绝缘情况维护	检查正常即可,若不正常即进行维修
	2	熔断器的维护	检查正常即可,若不正常即进行维修
	3	照明线路的维护	检查正常即可,若不正常即进行维修
	4	剩余电流断路器的维护	检查正常即可,若不正常即进行维修
	5	开关的维护	检查正常即可,若不正常即进行维修
	6	插座的维护	检查正常即可,若不正常即进行维修
	7	荧光灯的维护	检查正常即可,若不正常即进行维修
在对照明系统进行正常维护的情况下,若相关线路或器件确实出现了损坏的情况,则需要进行相应的维修工作			
室内照明系统的维修	1	系统绝缘情况维修	更换绝缘正常的导线或器件,使得系统绝缘情况正常
	2	熔断器的维修	更换新的熔断器
	3	照明线路的维修	更换新的导线或更正线路的连接
	4	剩余电流断路器的维修	更换新的剩余电流断路器
	5	开关的维修	更换新的开关
	6	插座的维修	更换新的插座
	7	荧光灯的维修	更换相应的零部件,使得荧光灯正常

※知识扩展※

一、白炽灯常见故障及检修

由于白炽灯的使用在逐渐减少,在此处简要介绍。白炽灯常见故障及检修见表 1-46。

表 1-46　白炽灯常见故障及检修

故障现象	产生原因	检修方法
灯泡不亮	灯泡钨丝烧断	更换新灯泡
	电源熔断器熔丝烧断	检查熔丝烧断原因并更换熔丝
	灯座或开关接线松动或接触不良	检查灯座和开关的接线并修复
	线路中有断路故障	用验电笔或万用表检查电路的断路处并修复
灯泡亮度不稳定	灯丝烧断但受振后接触不稳	更换新灯泡
	灯座或开关接线松动	检查灯座和开关的接线并修复
	熔断器接触不良	检查熔断器并修复
	电源电压不稳定	检查电源电压,如果确实不稳定,可暂停灯泡的使用

（续）

故障现象	产生原因	检修方法
灯泡发出强烈白光，瞬时或者短时间内烧坏灯泡	灯泡额定电压低于电源电压	更换额定电压与电源电压相匹配的新灯泡
	灯泡钨丝有搭接，从而使电阻减小，电流增大，亮度提高	更换新灯泡
灯泡亮度很低	钨丝挥发并聚积在灯泡内壁上，同时钨丝变细导致电阻增大，电流减小，亮度降低	正常现象，可不修理，如果亮度不够用于工作，可更换新灯泡
	电源电压过低	检测电源电压
	线路老化有绝缘损坏或漏电现象	检查线路，更换导线

二、LED 灯具失效的原因

LED 灯具失效一是由于电源和驱动的失效，二是由于 LED 器件本身的失效。

通常 LED 电源和驱动的损坏通常是因为输入电源的过电冲击（EOS）以及负载端的断路故障。输入电源的过电冲击往往会造成驱动电路中驱动芯片的损坏，以及电容等被动元件发生击穿损坏。负载端的短路故障则可能引起驱动电路的过电流驱动，驱动电路有可能发生短路损坏或由短路故障导致的过热损坏。

LED 器件本身的失效主要有以下几种情况。

1. 瞬态过电流事件

瞬态过电流事件是指流过 LED 的电流超过该 LED 技术数据手册中的最大额定电流，这可能是由于大电流直接产生也可能是由高电压间接产生，如瞬态雷击、开关电源的瞬态开关噪声、电网波动等过电压事件引起的过电流。这些事件都是瞬态的，持续时间极短，通常我们将其称为尖峰，如"电流尖峰""电压尖峰"。造成瞬态过电流事件的情况还包括 LED 接通电源，或带电插拔时的瞬态过电流。

LED 遭受过电冲击后的失效模式并非固定的，但通常会导致焊接线损坏。这种损坏通常由极大的瞬态过电流引起。除了导致焊接线烧断外，还可能导致靠近焊接线的其他部分损坏，例如密封材料。图 1-16 所示为 LED 焊接线烧断损坏的情况。

断开

图 1-16　LED 焊接线烧断损坏情况

2. 静电放电损坏事件

静电放电损坏（ESD）事件是目前高集成度半导体器件制造、运输和应用中最为常见的一种瞬态过电压危害，而 LED 照明系统则必须满足 IEC 61000-4-2 标准的"人体静电放电模式"8kV 接触放电，以防止系统在静电放电时可能导致的过电压冲击失效事件。LED PN 结阵列性能将出现降低或损坏。ESD 事件放电通路导致 LED 芯片的内部失效，这种失效可能只是局部功能损坏，严重的话也会导致 LED 永久损坏。图 1-17 所示为 LED 部分

PN 结损坏的情况。

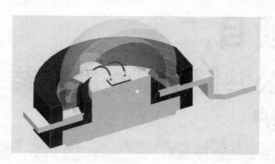

图 1-17　LED 部分 PN 结损坏情况

三、延长灯具使用的措施

1）正确的安装。正确安装灯具是延长灯具使用寿命的前提。如果安装不正确，灯具可能会很容易坏掉，甚至发生爆炸，非常危险。家居中，卫生间和厨房灯具安装要特别小心。卫生间的灯需要装有防潮灯罩，否则将大大缩短灯的使用寿命；厨房灯应特别注意防油烟，因为油垢的积聚会影响灯的照明度；而选择浅色的灯罩透光度较好，但容易粘灰，要勤于擦拭，以免影响光线的穿透度；而且一般来说，不要让厨房卫生间的灯具安放在容易凝聚水汽的位置，以免发生爆裂。

2）尽早更换老化的灯管。使用久的灯具灯管两端会发红或者有黑影，这时就要及时更换了，目的是防止出现镇流器烧坏等不安全现象。一般来说，购买灯具时，灯管灯泡上会标明有效时间，定期更换老化灯管灯泡对整体灯具维护很有帮助。

3）采用正确的清洁方法。灯具使用一段时间后，在上面都会沉淀一层厚厚的灰，影响我们的视觉，所以需定期清理，在清理的过程中不要改变灯具的结构，也不要随意更换灯具的部件。清洁维护结束后，应按原样将灯具装好，不要漏装、错装灯具零部件。一般灯具用干布擦拭，并注意防止潮气入侵。如果灯具为非金属，可用湿布擦，以免灰尘积聚，影响照明效果。

4）不要频繁开关。灯具在使用的时候不要频繁地开关，因为启动时，通过灯丝的电流都大于正常工作时的电流，使得灯丝温度急剧升高加速升华，从而大大缩短其使用寿命，因此要尽量减少灯具的开关操作。

项目二
室外公共照明系统的安装、调试与维护

※ 项目描述 ※

为了达到节能环保的目的，一般需对建筑物外的公共照明系统进行集中控制。本项目根据电气照明施工图划分为四个任务，在图样识读的基础上，借助通用电工工具及仪表，完成对某学校学生公寓楼室外照明系统整体线路的敷设及设备的安装、调试与维护工作。

※ 项目分析 ※

本项目前三个任务（见图 2-1）为室外公共照明系统安装与调试项目的三个工作步

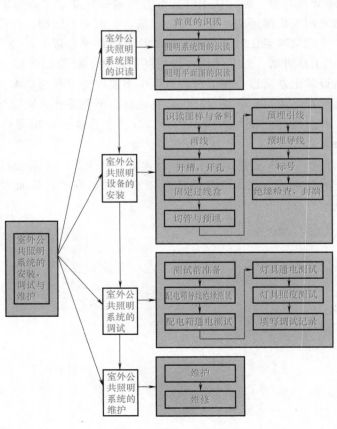

图 2-1 项目二分析图

骤，识读图样是完成本项目的基础，在读懂图样的基础上，可以进行线路的敷设和照明设备的安装。完成所有的安装任务之后，通电调试整个室外照明系统，验证安装工作的合格性。

通过前三个工作任务的实施，使工程人员掌握室外照明系统相关的规范、职业技能，使得工程人员具备独立完成室外照明系统安装与调试的职业能力。

本项目第四个任务为室外公共照明系统的维护。室外公共照明系统由于其安装位置在室外，所以很大程度上受到自然环境的影响，自然环境复杂多变，以至于室外公共照明系统从投入使用的那一刻起就开始逐渐老化。照明效果下降主要是因为灯、灯具和室外所有暴露在表面上的灰尘聚集降低了透光度或反光能力，从而导致灯光亮度降低、灯失效和表面老化。如果这一过程未受控制，就会导致照度衰减至很低的值，照明系统会变得光线不佳，甚至发生危险。因此，对于维持照明装置的有效性，定期的常规维护是最重要的。照明系统不仅要正确和彻底地清洁，而且清洁应定期进行。正确合理的维护将会保持工作生活所需的照度，降低投资和运行费用，并且能使照明系统安全运行。这样既能够确保有一个令人满意的外观，又能使人舒适自在。

任务一　室外公共照明图的识读

※任务描述※

识读电气照明施工图是一个非常重要的环节，没有电气照明施工图在理论上是不能施工的，因为电气照明施工图是工程施工的标准和依据，是沟通设计人员、安装人员、操作管理人员的工程语言，是进行技术交流不可缺少的重要内容。

电气照明施工图主要说明房屋内电气设备、线路走向等构造，是建筑施工的重要内容。现在建筑结构越来越复杂，电气设计包含的内容越来越多，现场施工技术人员更需要正确阅读电气施工图。

※相关知识※

一、室外公共照明概述

环境照明给人创造舒适的视觉环境、具有良好照度的工作环境，并配合室外的艺术设计起到美化空间的作用。室外公共照明部分包括道路照明、交通标志照明、停车场照明、运动照明、广场照明、桥梁照明、园林照明、绿地照明、操场地面照明、公共建筑照明、泛光照明和水景照明等。

室外照明包括所有照亮建筑和地面的固定照明装置。

1) 安装在建筑上的室外照明。所有安装在建筑上的照明，都在标准规定范围之内。这通常指所有的灯笼、拱顶照明、踏步照明、墙外表面装饰照明（比如：霓虹灯轮廓照明、低压的灯带、垂挂式装饰照明及球形灯）。

2) 地面、道路、停车场及其他室外照明。它包括建筑场地内所有照明。这通常包括安装在灯杆上的灯具照明、景观照明、护栏灯照明、墙灯照明及其他为道路、人行道、停车场、树木及场地提供的照明。

室外照明消耗大量的电能，并成为用电高峰的重要影响因素，特别是在没有进行适当控制时这种影响更大。现代照明控制技术的常用控制方法有：时间程序控制、光敏控制、感应控制（红外线、动静、超声和声音等）、区域场景控制、无线遥控控制和建筑智能照明控制技术（由中央控制模块、遥控模块、分控模块、功能模块四部分组成）。

二、照明控制要点

1）根据建筑物的建筑特点、建筑功效、建筑标准、使用要求等具体情况，对照明体系进行分散、集中、手动和自动控制。

2）根据照明区域的灯光布置形式和环境前提选择合理的照明控制方式。

3）功效复杂、照明要求较高的建筑物，宜采用专用的智能照明节制体系，该体系应具有相对的独立性，宜作为 BA 体系的子体系，应与 BA 体系有接口。建筑物仅采用 BA 体系而不采用专用智能照明控制体系时，公共区域的照明宜选用 BA 体系控制规模。大中型建筑的照明，按具体前提采用集中或分散的、多功效或单一功效的自动控制体系；高级公寓、别墅宜采用智能照明控制体系。

三、室外照明配线的规定

1）每套灯具的导电部分对地绝缘电阻值大于 2MΩ。

2）彩灯配线管路按照明配管敷设，且有防雨功能。管路间、管路与灯头盒之间采用螺纹连接，金属导管及彩灯的构架、钢索等可接近裸露导体与接地（PE）或接零（PEN）连接可靠。

3）垂直彩灯悬挂臂采用不小于 10# 的槽钢。端部吊挂钢索用的吊钩螺栓直径不小于10mm，螺栓在槽钢上固定，两侧有螺母，且加平垫及弹簧垫圈紧固。

4）悬挂钢丝绳直径不小于 4.5mm，底座圆钢直径不小于 16mm，地锚采用架空外线用拉线盘，埋设深度大于 1.5m。

5）垂直彩灯采用防水吊线灯头，下端灯头距离地面高于 3m。

6）灯具的接线盒或熔断器盒，盒盖的防水密封垫完整。

7）金属立柱及灯具可接近裸露导体与接地（PE）或接零（PEN）连接可靠。接地线单设干线，干线沿着庭院灯布置位置形成环网状，且应有不少于两处与接地装置引出线连接。

四、室外照明电缆绝缘选择

在照明电缆绝缘类型选择方面，根据《电力工程电缆设计规范》（GB 50217—2007），电缆的绝缘特性不应小于其使用电压、工作电流及环境条件下的常规预期使用寿命。我国大部分地区室外最热月的最高环境温度平均值一般在 20~30℃，因此室外一般场所照明电缆，可选用交联聚乙烯绝缘电缆；如果敷设弯曲较多、有较高柔软性要求的回路，应选用橡皮绝缘电缆；少数地区景观照明长期工作在 -15℃ 以下的低温环境，其电缆应选用交联聚乙烯绝缘电缆、耐寒橡皮绝缘电缆。

五、室外照明防护措施

1. 防意外触电

应确保夜景照明装置和设备的危险带电部分不能被触及，而可触及的导电部分应对人身不构成危险。

2. 间接接触防护

间接接触防护措施含供配电系统接地、照明供电的必要切断、等电位连接、电气分隔等。

3. 防尘防水

对照明灯具的防护等级 IP 值的要求：室外安装的灯具不应低于 IP55；在有遮挡的棚或檐下灯具可选用 IP54；埋地灯具不应低于 IP67；水中使用的灯具应为 IP68。

4. 防雷击

建筑物屋顶景观照明设施，其金属体应与建筑物屋顶避雷带可靠连接。

5. 抗震抗风

设施安装牢固，防坠落。建筑物入口上方灯具应有防灯罩，防止灯管坠落；桥体上灯具应注意设置位置，避免机动车意外撞击，并需要防震；地震与风灾多发地区景观照明设施安装应采取加强措施。

6. 防火、防烫伤

安装于易燃建筑材料表面的灯，应选用具有阻燃隔热型灯具；在古建筑和有防火要求的场所，其景观照明配电应符合防火要求，管线敷设应采取电缆防火与阻燃的防火措施。公众可接触的照明设备表面温度高于 60℃ 时应采取隔离保护措施。

7. 防干扰交通

夜景照明不应干扰交通信号、通信设备的正常使用，妨碍交通安全。立交桥、过街桥上不宜采用动态照明，城市机动车道两侧不应大量、连续地采用色彩变化、多光源的装饰灯。

※ 资源准备 ※

室外照明图纸

1. 首页

（1）图样目录（见表 2-1）

表 2-1　图样目录

序号	图样名称	编号	张数
1	室外照明系统图	图 2-2	1
2	室外照明平面图	图 2-3	1

（2）设计说明（见表 2-2）

表 2-2　设计说明

序号	项　目	具 体 说 明
1	设计内容	小区室外照明及控制系统
2	设计依据	1. 甲方提供的设计要求 2. 国家相关规范、规程 3. 其他相关专业提供的技术要求及资料
3	电源	1. 配电室内,由低压配电柜引一根 VV22-0.6/1kV 电力电缆埋地引入至照明配电总箱 AL 2. 电源电压为 380V/220V,用电负荷等级为三级
4	线路敷设	1. 电源电缆选用 VV 22-0.6/1kV 型铜芯电缆,穿镀锌钢管埋地至各配电点 2. 所有带灯具的配电回路中,要求将所带灯具均匀分配在各相,以满足三相平衡
5	灯具选型及安装	1. 灯具安装具体位置由电气施工员与绿化施工人员密切配合后,方可施工 2. 所有灯具安装需专业人员与供货单位共同确定灯具结构后,方可施工 3. 灯具安装大样由供货商提供安装基础图及安装大样图,并负责指导安装 4. 所有灯具外壳及管线等均应与 PE 线可靠连接 5. 所有接头进行防潮处理后加热缩套管密封封装,其中埋地灯防护等级应达到 IP66,水下灯防护等级应达到 IP68 6. 本图中所选的高压钠灯等灯具均要求带电容补偿
6	电力安全及电力系统保护方式	1. 本工程采用 TN-S 接地系统 2. 广场内所有配电箱设置电涌保护器做过电压保护 3. 所有金属管线、用电设备、金属外壳、穿线钢管、电缆金属外壳、金属支架等正常工作不带电的金属均应与接地系统可靠焊接
7	控制方式	灯光控制采用定时控制结合手动控制方式及就地控制和集中控制方式
8	其他	应与土建等各工种密切配合,做好管线预埋工作,做好隐蔽工程记录,以备查考,图中未尽事宜按国家有关现行规范执行

（3）图例或文字符号（见表 2-3）

表 2-3　图例或文字符号

序号	图例或文字符号	含　义	序号	图例或文字符号	含　义
1		剩余电流断路器	7		隔爆型防爆灯
2		空气断路器	8		庭院灯
3	VV	铠装铜芯电缆	9	PVC	穿 PVC 管敷设
4	BV	聚氯乙烯绝缘铜芯线	10	DDC	直接数字控制器
5		暗装配电箱	11	FC	沿地面暗装
6		安全灯	12	ABC	室外照明线路

（4）设备材料明细表（见表2-4）

表2-4　设备材料明细表

序号	名　　　称	型号	规格	数量
1	剩余电流断路器	C65N-63	3P,10A	1个
2	空气断路器	C65N-63	1P,3A	1个
3	空气断路器	C65N-63	1P,6A	2个
4	庭院灯			1个
5	安全灯			4个
6	隔爆型防爆灯			18个
7	暗装底盒		86型	若干
8	接触器	ESB20		1个
9	DDC	PXC24		1个
10	配电箱		带固定滑条	1个
11	聚氯乙烯绝缘铜芯线	2.5mm²	红色	1卷
12	聚氯乙烯绝缘铜芯线	2.5mm²	蓝色	1卷
13	聚氯乙烯绝缘铜芯线	2.5mm²	黄绿双色	1卷
14	铠装铜芯电缆	0.6/1kV		若干
15	聚氯乙烯硬质线管	18mm²		若干

2. 室外照明系统图（见图2-2）

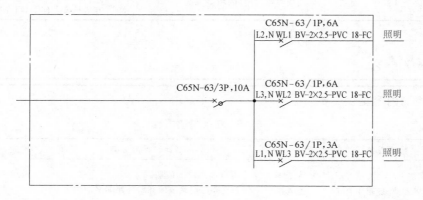

图2-2　室外照明系统图

3. 室外照明平面图（见图2-3）

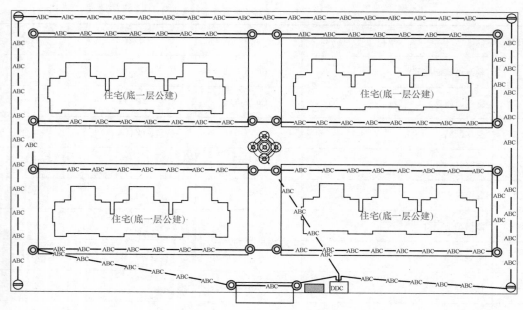

图 2-3　室外照明平面图

※任务实施※

任务实施步骤见表2-5。

表2-5　任务实施步骤

序号	步骤	具体内容	说明
1	识读首页	认真阅读图样目录、设计说明、图例、设备材料明细表的相关内容	按照顺序进行识读，见"资源准备"部分"1. 首页"
2	识读室外照明系统图	阅读配电箱、断路器、导线的相关信息	见"资源准备"部分"2. 室外照明系统图"，方法是自上向下，自左向右
3	识读室外照明平面图	阅读线路、灯具的相关信息	见"资源准备"部分"3. 室外照明平面图"，方法是自上向下，自左向右

※任务检测※

任务检测内容见表2-6。

表2-6　任务检测内容

序号	检测内容	检测标准
1	某卧室照明施工图首页的识读	1. 从图样目录中可以读出以下信息： ①室外照明图分为室外照明系统图和室外照明平面图 ②室外照明系统图编号为图2-2 ③室外照明平面图编号为图2-3

序号	检测内容	检测标准
1	某卧室照明施工图首页的识读	④图样共有两张：室外照明系统图一张，室外照明平面图一张 2. 从设计说明中可以读出以下信息： 读懂施工图的设计内容、设计依据、电源、线路敷设、灯具选型及安装、电气安全及电力系统保护方式、控制方式及其他情况 3. 从图例及文字符号部分应该读懂本图中所用到的相关图例及文字符号 4. 从设备材料明细表部分应该对本次施工所用到的所有设备材料有所了解
2	室外照明系统图的识读	通过识读需要掌握以下信息： 1. 本系统共有 1 个剩余电流断路器和 3 个空气断路器，剩余电流断路器为 C65N-63（3P，10A）1 个；空气断路器 C65N-63（1P，6A）2 个；空气断路器 C65N-63（1P，3A）1 个。其中剩余电流断路器作为总控制断路器，其余 3 个空气断路器分别控制一个支路 2. 照明线路分三路敷设 3. 导线采用 BV2.5 导线，即线径为 2.5mm² 的聚氯乙烯绝缘铜芯线 4. 线路敷设方式为穿 PVC 管敷设 5. 所有线路的导线根数为两根 6. 线路的安装部位为沿地面敷设
3	室外照明平面图的识读	1. 照明配电箱通过 DDC 对整个室外照明系统的灯具进行控制，分为 3 路 2. 共有三种照明灯具，分别为庭院灯、安全灯、隔爆型防爆灯 3. 灯具共有 23 个，其中庭院灯 1 个，安全灯 4 个，隔爆型防爆灯 18 个 4. 线路敷设的路径参考图样

任务二　室外公共照明设备的安装

※任务描述※

环境照明给人创造舒适的视觉环境，以及具有良好照度的工作环境，并配合室内的艺术设计起到美化空间的作用，室外夜景照明是智能楼宇特色的人文景观，包括所有照亮建筑和地面的固定照明装置。本任务主要通过识读照明施工图来确定室外公共照明使用的导线及线管的种类、型号及敷设的方式，借助常用电工工具，完成某学校公寓区室外公共照明系统的安装。

※相关知识※

室外公共照明设备主要包括各类灯具、开关、自控模块等，现在应用比较广泛的是利用计算机进行集中控制。有些场合还会使用自动控制开关进行自动控制灯具的开启与关闭。本任务主要学习利用计算机进行集中控制的控制原理及实际接线。

一、室外常用光源的应用场所

前面已经学习了电光源的分类，现在重点说明室外常用电光源的应用场所。

1）无极灯主要应用于一些需要频繁开关的场所和需要调光的场所。比如道路隧道、机场码头、港口、车站、广场、体育场馆、展览中心、游乐场所、商业街、停车场、工厂、办公室、医院、图书馆、电影外景摄制和演播室等照明。

2）金属卤化物灯主要应用于体育场馆、展览中心、游乐场所、商业街、广场、机场、停车场、工厂等。

3）普通高压钠灯主要应用于道路、机场码头、港口、车站、广场和无显色要求的工矿照明等。

4）中显色高压钠灯主要应用于高大厂房、商业区、游泳池和娱乐场所等。

5）LED灯主要应用于电子显示屏、交通信号灯、机场地面标志、疏散标志灯、庭院照明和建筑夜景照明等。

二、室外照明灯具的防护要求

室外公共照明的灯具长期处于风吹日晒雨淋的环境中，因此对它的防护要求也会相对较高。

1）安全防护方面：公共场所电气照明灯具要防止短路引起的触电事故。

2）防雨方面：南方地区经常遭受暴雨的侵袭，应该有防雨方面的考虑。

3）防紫外线：有的室外灯具采用劣质塑料作为外壳，长时间的照晒容易使塑料变形或损坏。

4）灯具的美观：要和周围的环境或建筑物相互协调，突出城市人文精神风貌。

三、庭院灯

1. 庭院灯概念

庭院灯，也称景观庭院灯，主要由光源、灯具、灯杆、法兰盘和基础预埋件5个部分组成，庭院灯的高度通常在6m以下，具有多样性、美观性的特点，能够起到美化和装饰环境的作用。庭院灯主要应用于城市慢车道、窄车道、居民小区、旅游景区、公园和广场等公共场所的室外照明，能够延长人们的户外活动时间，提高财产安全。

根据使用环境和设计风格的不同，分为欧式庭院灯、现代庭院灯、古典庭院灯三大类。庭院灯的使用往往与城市建筑物的设计风格相符合。

1）欧式庭院灯：设计风格多采用欧洲国家的一些欧式艺术元素，加以抽象的表现形式。

2）现代庭院灯：设计风格多采用现代的艺术元素，采用简约式的手法表现。

3）古典庭院灯：设计风格多采用中国古典元素，加以运用和改型。

三大类庭院灯分别如图2-4所示。

图 2-4　欧式庭院灯、现代庭院灯、古典庭院灯

2. 庭院灯的安装注意事项

1）庭院灯的接地需严格注意，金属立柱及灯具可接近裸露导体，应与 PEN 线连接可靠，接地线应单设干线，干线应沿着庭院灯布置形成环网状，接地干线应不少于两处与接地装置引出干线连接。

2）通电试运行。灯具安装完毕后，经绝缘测试检查合格后，方允许通电试运行。通电后应仔细检查和巡视，检查灯具的控制是否灵活、准确；开关与灯具控制顺序是否对应，如发现问题应立即断电，查出原因并修复。

四、地灯

1. 地灯概念

地灯又称为地埋灯或藏地灯，是镶嵌在地面上的照明设施。地灯对地面、地上植被等进行照明，能使景观更美丽，行人通过更安全。光源多采用 LED 节能光源，表面安装有不锈钢抛光或铝合金面板，它还有防水性能非常好的防水接头，密封性能非常好的硅胶密封圈、钢化玻璃，具有防水、防尘、防漏电、耐腐蚀的特点。实际安装施工时，下部垫上碎石，以确保排水通畅，提高地灯使用的安全性和可靠性。

此外，现在也有很多地灯用于夜间导向地灯。常见的地灯如图 2-5 所示。

图 2-5 常见的地灯

2. 地灯的安装注意事项

1）保证地灯灯具（包括地灯预埋件）质量过硬。

2）在地灯安装施工时要注意以下三点问题：

① 电线连接处密封要做好。一般地灯的接线口有专用密封橡胶圈和不锈钢固件，首先将电线（注意电线请选用三线的线缆）穿过橡胶圈，然后将不锈钢固件拧紧至电线不能拔出密封橡胶圈。

② 施工时要做好地下水的渗透，不能让它在水里泡着（因为它不是水下灯）。

③ 在地灯装好后打开面盖，灯具点亮半小时后再盖上。

※ 资源准备 ※

1. 照明电气工程施工图

详见"项目二任务一"的"资源准备"部分。

2. 硬件资源

包括安装工具及测试仪表线路敷设器件、照明无器件和配件等见表2-7。

表2-7　硬件资源

序号	分类	名称	型号规格	数量	单位
1	安装工具及测试仪表	常用电工箱		1	个
2		验电笔		1	个
3		万用表		1	个
4		绝缘电阻表		1	个
5	线路敷设器件	聚氯乙烯绝缘铜芯线	$2.5mm^2$，红色	1	卷
6		聚氯乙烯绝缘铜芯线	$2.5mm^2$，蓝色	1	卷
7		聚氯乙烯绝缘铜芯线	$2.5mm^2$，黄绿双色	1	卷
8		PVC线管	$18mm^2$	若干	m
9	照明元器件	DDC		1	个
10		IOM扩展模块		1	个
11		接触器		若干	个
12		剩余电流断路器	C65N-63/3P，10A	1	个
13		空气断路器	C65N-63/1P，6A	3	个
14		继电器		若干	个
15		庭院灯		1	个
16		地灯		若干	个
17	配件	绝缘胶带		1	卷

注：常用电工箱包含钢丝钳、卷尺、一字螺钉旋具、十字螺钉旋具、电工刀、剥线钳、弹簧弯管器和切管器等。

※任务实施※

1. 线路的敷设步骤（见表2-8）

表2-8　线路敷设步骤

序号	步骤	具体内容	说　明
1	查阅图样	再次识读图样	为了正确备料做好准备
2	备料	见表1-20对应内容	
3	施工现场画线	1. 根据室外照明平面图确定敷设路径及导线的具体位置 2. 根据室外照明平面图确定设备安装的具体位置	
4	地面开槽	根据画线进行地面开槽工作，为PVC线管的预埋做准备 	本工作任务中，线路敷设方式采用沿地面暗装的敷设方式，所以应该先进行地面的开槽工作

序号	步骤	具体内容	说　明
5	固定过线盒	根据施工现场的需要进行	
6	量取适当长度的 PVC 线管、切割 PVC 线管、弯管、预埋 PVC 线管	见表 1-20 对应内容	
7	预埋引线	见表 1-20 对应内容	
8	预埋导线	见表 1-20 对应内容	
9	标号	见表 1-20 对应内容	
10	进行导线绝缘测试、检查、封端	见表 1-20 对应内容	

2. 照明器件的安装步骤（见表 2-9）

表 2-9　照明器件安装步骤

序号	步骤	具体内容	说明
1	识读图样	再次识读图样	为了正确备料做好准备
2	备料	见"资源准备"部分	
3	地灯的安装	地灯的安装方法如下： 1）严格按预埋底盒的预埋要求预埋底盒，将强弱电管穿入预埋底盒的过线孔内并加以固定，后在预埋底盒外浇注水泥，预埋底盒内的硬质承重地面应该平整、结实、硬度高 2）将地灯底盘放入预埋底盒内，将强弱电线分别通过底盘上的防水接头引入底盘内部接在固定的接线端子上，同时锁紧防水接头 3）将地灯托盘放在底盘上，看托盘表面和地面装修平面间的高度差，调解底盘上的四枚内六角高度水平调节螺钉，将高度调整到上面的托盘表面与地面装修平面高度一致，否则地灯面板将不能紧贴托盘，造成面板和托盘间有空隙，在重压下面板会凹陷	穿入过线孔内的管长小于 5mm 建议如果预留线较长可以盘在预埋底盒和底盘之间

（续）

項目二

序号	步骤	具体内容	说明
3	地灯的安装	  4）将高度调整好，托盘地灯和预埋底盒进行固定，并将防水橡胶固定牢靠，插入灯具控制器  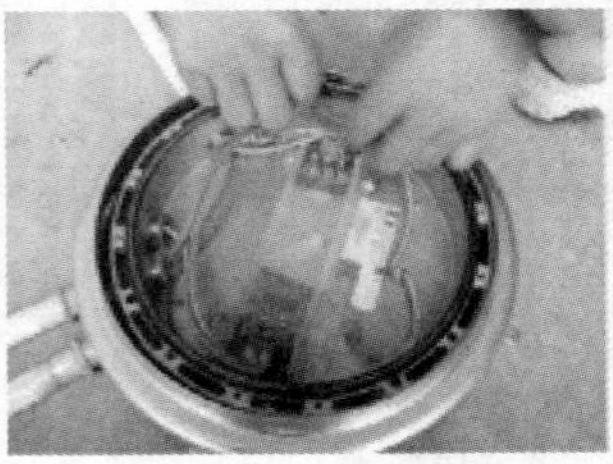  5）将地灯托盘与底盘进行固定，压紧托盘和底盘间的防水橡胶圈，固定时请确认灯具箭头的指示方向	穿入过线孔内的管长小于5mm 建议如果预留线较长可以盘在预埋底盒和底盘之间

— 64 —

序号	步骤	具体内容	说明
3	地灯的安装	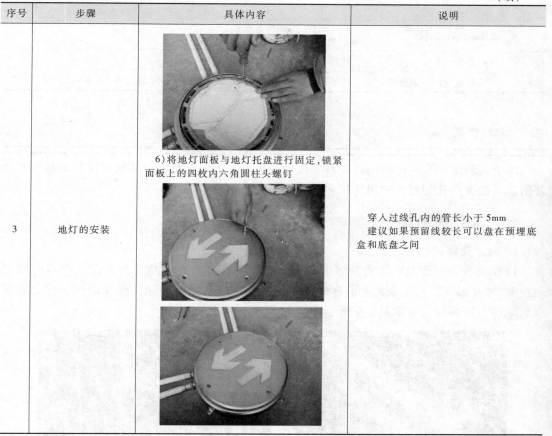 6）将地灯面板与地灯托盘进行固定，锁紧面板上的四枚内六角圆柱头螺钉	穿入过线孔内的管长小于5mm 建议如果预留线较长可以盘在预埋底盒和底盘之间

※任务检测※

1. 线路的敷设（见表1-24）
2. 照明器件的安装（见表2-10）

表2-10　照明器件安装检测内容

序号	检测内容	检测标准
1	识图备料	备料工作按照"资源准备"部分说明完成
2	照明灯具的安装	1. 引向单个灯具的电线是指从配电回路的灯具接线盒引向灯具的这一段线路。这段线路常采用柔性金属导管保护。电线最小允许截面积应大于或等于1mm² 2. 卫生间内灯具容易受潮而使玻璃灯罩或灯管等爆裂，为避免造成人身伤害，灯具安装时应注意位置的选择 3. 室外灯具的安装高度不得低于3m 4. 露天安装的灯具是否采用防水防腐材料 5. 是否安装自动通、断电源的控制装置（景观照明灯、节日彩灯、路灯、庭院灯、广场灯、航空障碍标志灯等） 6. 埋地灯的防护等级关系其能否正常工作，为避免光源散发的热量积聚在埋地灯易触及部件上形成高温而灼伤行人，安装时应检查埋地灯的光源功率是否超过灯具额定功率

序号	检测内容	检测标准
3	交流接触器的安装	1. 安装在 35mm 导轨上 2. 安装深度 68mm
4	继电器的安装	将选型正确的继电器插接在底座上
5	驱动设备与DDC的连接	能够准确地将接触器、继电器与DDC的输入、输出端子相连接

※知识扩展※

随着人们生活水平的提高以及科学技术的进步，形形色色的户外照明设备大量生产并使用，下面介绍几种现在使用比较多的室外景观照明设备。

一、LED 流星管

1. 概念及原理

LED 流星管产品采用优质的硬性印制电路板，高亮度超优质芯片，蓝、白双面发光通过 IC 芯片编程，可实现流星追逐的效果。内含集成电路程序让灯光像流星一样，光亮自然顺滑。LED 流星管如图 2-6 所示。

图 2-6　LED 流星管

2. 特点

1）使用压克力壳作保护，环保，防水等级为 IP65。

2）它是一种室外景观装饰灯，适用于悬挂在树枝上、屋檐下和任何可以悬挂的物体上，替代了传统的米泡冰条灯和 LED 冰条灯，LED 流星管易安装、防水、亮度大、闪烁的效果就像夜空中一道道流星划过。

3）可根据环境任意连接，可根据用户要求设定闪烁效果，颜色为白色。

4）LED 流星管是一种新型的工程亮化产品，犹如流星般变化，光亮自然顺滑。

3. 应用范围

广泛应用于酒吧、宾馆大厅、园林广场、步行街、庭院、歌舞厅、公园、道路、楼梯、花园、商场和发廊等。

二、LED 护栏管

1. 概念及原理

LED 护栏管是由红绿蓝三原色混色实现七种颜色的变化，采用输出波形的脉宽调制，即调节 LED 灯导通的占空比，在扫描速度很快的情况下，利用人眼的视觉惰性达到渐变的效果。一根灯管通过内控芯片，能够分段变化出七种不同颜色，并产生渐变、闪变、扫描、追逐和流水等各种效果，灯管长度要按实际效果来决定，常规的长度为 1m。LED 护栏管抗紫外线照射，具有防水效果。

LED 护栏管如图 2-7 所示。

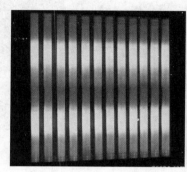

图 2-7　LED 护栏管

2. 特点

1）可放在 PCB 上按红绿蓝顺序呈直线排列，以专用驱动芯片控制，构成变化无穷的色彩和图形。

2）外壳采用阻燃 PC（聚碳酸酯）塑料制作，强度高，抗冲击，抗老化，防紫外线，防尘，防水等级达到 IP65。

3）LED 护栏管具有功耗小、低热量、耐冲击和长寿命等优点，配合控制器，即可实现流水、渐变、跳变和追逐等效果。如果应用于大面积工程中，连接计算机同步控制器，还可显示图案、动画视频等效果。

4）LED 数码全彩灯管可以组成一个模拟 LED 显示屏，模拟显示屏可以提供各种全彩效果及动态显示图像字符，可以采用脱机控制或计算机连接实行同步控制；可以显示各式各样的全彩动态效果。

5）控制系统采用专用灯光编程软件编辑，数码管控制花样更改方便，只需将编辑生成的花样格式文件复制进 CF 卡即可，数码管控制器可以单独控制，也可多台联机控制，数码管安装编排方式任意，适合各种复杂工程需求。

6）数码管、控制器以及电源等以标准插头插座连接，方便快捷，并具有独特的外形设计、全新的户外防水结构。

3. 应用范围

它特别适用于广告牌背景，立交桥，河、湖护栏和建筑物轮廓等大型动感光带之中，可产生彩虹般绚丽的效果。用 LED 护栏管装饰建筑物的轮廓，可以起到突出美化建筑物的效果。

三、洗墙灯

1. 概念及原理

洗墙灯又叫线型 LED 投光灯，因为其外形为长条形，也有人将之称为 LED 线条灯，其技术参数与 LED 投光灯相似，相对于 LED 投光灯的圆形结构，LED 洗墙灯的条形结构使得散热装置的散热效果更加理想。

LED 洗墙灯，就是让灯光像水一样洗过墙面，主要用来作建筑装饰照明之用，还可以用来勾勒大型建筑的轮廓。LED 洗墙灯如图 2-8 所示。

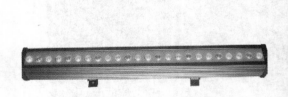

图 2-8　LED 洗墙灯

2. 特点

1）核心技术是 LED 恒流驱动。

2）无论负载大小的变化，LED 的电流保持不变的电路就叫作 LED 恒流驱动。

3）如果洗墙灯里面用的是 1W 的 LED，通常是 350mA 的 LED 恒流驱动，用 LED 恒流驱动的目的就是为了提高 LED 的寿命和光衰。

4）恒流源好坏要根据其效率和稳定度来选择，应尽可能选择效率高的恒流源，这样可以减少能量的损耗和温度。

3. 应用范围

由于 LED 具有节能、光效高、色彩丰富、寿命长等特点，从而使用广泛。

大功率 LED 洗墙灯照射距离达 1~10m，非常适用于政府亮化工程、商业场所、地铁、高架立交桥、建筑外墙、建筑地标等内外墙面的全景式泛光照明；它还适用于景观建筑物楼体、户外广场、景观物及墙面、陈列品刷色；它能适应室内外各种温湿度环境。

任务三　室外公共照明系统的调试

※任务描述※

室外公共区域照明系统与室内照明系统一样需要在投入使用之前进行检测调试。本任务主要完成对某学校公寓区室外公共区域照明设备设施与 DDC 之间的检测与调试，使学生能够对应照明系统图检查照明开关与照明灯具是否实现一一对应的关系，能够借助常用电工工具完成室外照明设备的检测与调试。

※相关知识※

室外公共照明设备的调试包括地灯、庭院灯、DDC 模块、IOM 扩展模块、网络控制模块与计算机之间信号传输的检测，学生需要掌握绝缘电阻表的正确使用，能够知道绝缘电阻的正确测量方法，知道照明设备调试的相关要求。

※资源准备※

1. 照明电气施工图

详见"学习单元一项目一任务一"的"资源准备"部分

2. 硬件资源

硬件资源包括安装工具及测试仪表、照明元器件和配件等，见表2-11。

表2-11 资源准备

序号	分类	名称	型号规格	数量	单位
1	安装工具及测试仪表	常用电工箱		1	个
2		验电笔		1	支
3		万用表		1	个
4		绝缘电阻表		1	个
5		钳形电流表		1	个
6		照度仪		1	个
7		对讲机		1	个
8	照明元器件	DDC		1	个
9		IOM 扩展模块		1	个
10		接触器		若干	个
11		剩余电流断路器	C65N-63/3P,10A	1	个
12		空气断路器	C65N-63/1P,6A	3	个
13		继电器		若干	个
14		庭院灯		1	个
15	配件	绝缘胶布		1	卷

注：常用电工箱包含钢丝钳、卷尺、一字螺钉旋具、十字螺钉旋具、电工刀、剥线钳、弹簧弯管器和切管器等。

※任务实施※

任务实施步骤见表2-12。

表2-12 任务实施步骤

序号	步骤	具体内容	说明
1	测试前准备工作	1. 准备测量仪表 500V 绝缘电阻表、万用表、钳形电流表、照度仪 2. 对照明配电箱内二次回路电气元件及接线进行检查 3. 按照设计图要求检测所有设备与元件的规格、型号	一切设备的准备必须按照材料表的规定进行备料

项目二

序号	步骤	具体内容	说明
2	照明配电箱内导线绝缘电阻测试	导线穿管后,把导线头分开,与导体绝缘,在照明配电箱处用 500V 绝缘电阻表测试每一个回路的绝缘电阻值,同时记录下来,作为原始记录,导线绝缘电阻值测试大于 0.5MΩ,照明配电箱及灯具才能接线	
3	照明配电箱通电试运行测试	1. 现场与照明配电间各安排 2 位工人,检查设备元件 2. 现场工人用对讲机通知照明配电间内的工人,双方用万用表校验线路敷设是否符合设计图,确认无误后,用 500V 绝缘电阻表测试电缆绝缘电阻 3. 准备送电前,配电间内两个工人,要用对讲机通知现场工人,确认能送电的情况下才能合闸送电 4. 现场配电箱有电后,通过用万用表确认灯具回路不短路再把分支回路送上电,安排工人到照明箱控制区域查看灯具必须都开启后,才能用钳形电流表检测电缆回路电流与照明配电柜显示的电流是否一致,确认一致后,再用钳形电流表检测照明配电箱内的每个回路的电流,且每 2h 检测记录运行状态 1 次,记录数据作为原始资料保存,连续 24h 内无故障,通电试运行才为合格	电缆绝缘电阻测试大于 0.5MΩ 才能送电
4	照明灯具通电试运行测试	1. 照明配电箱内控制回路的空气断路器及跷板控制开关安全检查 2. 灯具安全检查 3. 插座的检查	开关要求: 1. 产品额定电流符合设计要求 2. 开关操作部位零部件要灵活、接触可靠 3. 同一建筑物、构筑物内的开关采用同一系列产品 4. 开关的通断位置一致 5. 开关安装高度 1.3m,距门边不大于 0.2m 6. 同一场所安装高度一致 7. 相线经开关控制 8. 开关进出线接线紧固无松动、锈蚀 9. 在潮湿场所采用防潮型开关,密封垫圈完好 10. 开关没有损坏,导体没有露出部分 11. 开关表明光滑整洁、美观,无碎裂、划伤,装饰帽齐全 灯具要求: 1. 产品型号符合设计要求 2. 灯具重量大于 3kg 要固定在螺栓上 3. 灯具固定牢固可靠,使用塑料膨胀管及螺钉,固定点不少于 2 个 4. 灯具带电部件的绝缘材料以及提供防触电保护的绝缘材料,耐燃烧和防明火 5. 灯具安装高度大于 2.4m 6. 灯具的裸露导体有标识的专用接地螺栓与接地(PE)线可靠连接

序号	步骤	具体内容	说明
5	照明灯具照度测试	将公共区域的照明灯具按照不同要求进行开启，使用照度仪进行照度的检测	
6	照明系统测试记录	将照明系统调试的状况进行汇总	

※任务检测※

任务检测内容见表 2-13。

表 2-13　任务检测内容

序号	步骤	检测标准
1	调试前准备工作	1. 能够正确使用各种测量仪表 2. 能够按照图样检查设备的对应情况
2	照明配电箱内导线绝缘电阻测试	能够正确使用绝缘电阻表进行照明配电箱内导线绝缘电阻的测试，电缆绝缘电阻测试大于 $0.5M\Omega$ 才能送电
3	照明配电箱通电试运行测试	能够正确使用钳形电流表进行照明配电箱的通电运行测试，通断正常运行
4	照明灯具通电试运行测试	1. 能够对照明灯具进行正常的通断测试 2. 能够在通电试运行测试中实现提前设定的模式
5	照明灯具亮度测试	能够正确使用照度仪进行公共区域照度的测试
6	照明系统测试记录	将照明系统调试的状况进行汇总

任务四　室外公共照明系统的维护

※任务描述※

假如你是某学校学生公寓区电工，公共照明系统的维护是你的日常工作。

某一天，公寓区室外照明系统突然发生异常，某一盏庭院灯无法点亮，请借助常用电工工具，按照维修电工国家职业标准、《××学校公寓楼公共照明系统维护管理制度》，完成这次维修工作，并且正确填写《××学校公寓楼公共照明系统维修单》。

※相关知识※

一、《××学校公寓楼公共照明系统维护管理制度》

详见"学习单元一项目二任务一"的"相关知识"部分。

二、庭院灯维护相关知识

1. 庭院灯产生故障的原因

（1）施工质量差　因为施工质量引起的故障所占比重较大。主要表现：一是电缆沟的深度不够，铺砂盖砖没有按标准进行施工；二是过道管的制作和安装不符合要求，两端没有按标准做成喇叭口；三是铺装电缆时在地上拖着走；四是基础的预埋管不按标准要求施工，主要是预埋管过细，再加上一定的弯度，穿电缆时相当困难，在基础底部出现"死弯"情况；五是接线端子压接和绝缘包缠厚度不够，经过长时间运行就会相间短路。

（2）材料不过关　材料质量差有很多因素，主要表现是导线含铝少，导线比较硬，绝缘层薄。

（3）配套工程质量不过硬　庭院灯电缆一般铺在人行道上。人行道施工质量差，地面下沉，使电缆受力变形，导致电缆故障。特别是东北地区处于高寒地带，冬季到来，使电缆和土质形成一个整体，地面一旦出现沉降，就会在庭院灯基础底部将电缆拉伤，而到夏季雨水多时，就会在基础根部烧断。

（4）系统设计不合理　一方面是超负荷运行。随着城市建设的不断发展，庭院灯也不断延伸，新建庭院灯时往往离哪个庭院灯近，就接到哪个回路，同时，大量广告牌的负荷也都相应接在庭院灯上，使庭院灯的负荷过大，电缆过热，接线端子过热，绝缘性能降低，出现接地短路等情况。另一方面是，灯杆设计时只考虑灯杆的自身情况，忽视电缆头的空间，电缆头包缠好以后，多数是连门都关不上，有时电缆长度不够，接头制作不符合要求，也是引起故障的因素。

2. 庭院灯保养注意事项

1）不得在灯上挂置物品，如晾棉被等。

2）频繁地开关，会大大减少其使用寿命，因此使用灯具时要尽量减少灯具的开关。

3）在使用中或清洁时发现灯罩倾斜，应随手校正，以保持美观。

4）在调正灯罩时，注意避免灯具内的三叉撑架在亮灯时反射暗影。

5）按标志提供的光源参数及时更换老化的灯管，发现灯管两端发红、灯管发黑或有黑影、灯管不亮时，应及时更换灯管，防止出现镇流器烧坏等不安全现象。

3. 庭院灯维修的现状及改进

（1）加强对维修人员的培训　城市庭院灯与住户生活息息相关，必须通过教育提高维修人员对庭院灯维修工作的认识，增强责任感。随着庭院灯科技进步的加快，新技术的大量运用，需要维修人员不断进行维修专业知识的更新，适应工作需要。所以要适当加强对维修人员的培训。

（2）加快维修装备的更新　庭院灯数量巨大，使维修人员工作量大，必须不断改进、更新维修装备，提高工作效率。

三、照明元器件常见故障及检修方法

（1）熔断器常见故障及检修（见表 2-14）

表 2-14　熔断器常见故障及检修

故障现象	产生原因	检修方法
熔体熔断	短路故障	排除短路故障点,更换新的熔断器
	过载运行	找出过载原因并解决,更换新的熔断器
	熔断器使用时间过长,熔体受氧化或运行中温度高,使熔体误断	更换新的熔断器
	熔断器安装时有机械损伤,使其截面积变小而在运行中引起误断	更换新的熔断器

（2）开关常见故障及检修（见表2-15）

表2-15　开关常见故障及检修

故障现象	产生原因	检修方法
开关无法按下	开关面板发生错位	移动开关位置，重新安装开关面板
	机械故障，开关损坏	更换开关
开关能按下，按下时不能打开荧光灯	开关接线脱落	恢复接线

（3）庭院灯常见故障及检修（见表2-16）

表2-16　庭院灯常见故障及检修

故障现象	产生原因	检修方法
高阻故障，测量电阻较大	电缆被烧断	更换电缆，排除故障
低阻故障，送电出现跳闸现象	导线短接或对地完全短接	检查线路，排除故障
庭院灯本身损坏	线路原因	检查线路，排除故障，更换新的庭院灯
	人为因素	加强管理，做好日常维护工作，更换新的庭院灯

※资源准备※

1. 照明施工图

详见"学习单元一项目二任务一"的"资源准备"部分。

2. 硬件资源

硬件资源包括安装工具及测试仪表、线缆和配件等，见表2-17。

表2-17　资源准备表

序号	分类	名称	型号规格	数量	单位
1	安装工具及测试仪表	常用电工箱		1	个
2		验电笔		1	支
3		万用表		1	个
4		绝缘电阻表		1	个
5	线缆	聚氯乙烯绝缘铜芯线	$2.5mm^2$，红色	1	卷
6		聚氯乙烯绝缘铜芯线	$2.5mm^2$，蓝色	1	卷
7		聚氯乙烯绝缘铜芯线	$2.5mm^2$，黄绿双色	1	卷
8		PVC线管	$18mm^2$	若干	米
9	配件	绝缘胶带		1	卷

注：常用电工箱包含钢丝钳、卷尺、一字螺钉旋具、十字螺钉旋具、电工刀、剥线钳、弹簧弯管器和切管器等。

※任务实施※

1. 日常维护项目（见表2-18）

表 2-18　日常维护项目

序号	维护项目	说　明
1	不定期测定庭院灯、地灯、开关及线路的绝缘电阻,系统的绝缘电阻	系统的绝缘电阻应该不低于 0.5MΩ 使用绝缘电阻表测量即可
2	定期检查照明系统的熔断器是否良好	应无烧断情况 使用万用表通断档或者电阻档测量熔断器即可
3	定期检查照明线路,一周一次	应无导线短路、断路情况 由于是室外照明,线路容易受到人类活动的影响造成线路故障,所以照明线路是室外照明维护的重点,应该经常检查
4	定期检查电源箱内的剩余电流断路器有无烧损情况(每月至少一次)	每月按下漏电测试按钮,漏电测试应该正常,且无烧损情况 刀开关一般不会损坏,目测观察即可
5	定期清理地灯	由于地灯安装在地面,表面会有很多的尘土或树叶等,严重影响照明效果,应每日查看并清除
6	定期清理庭院灯	景观庭院灯饰一般较为多尘,清洁时用湿抹布去擦拭即可,动作保持同一方向,力度要适中,尤其对待吊灯、壁灯要轻柔 清洁灯饰内部,清洁灯泡时,先要熄灯,擦拭时可以单独取下灯泡擦拭。若直接在灯具上进行清洁,不要向顺时针方向旋转灯泡,避免灯头拧得过紧剥落

2. 维修项目

根据"相关知识"部分"三、照明元器件常见故障及检修方法"进行。

※任务检测※

任务检测内容见表 2-19。

表 2-19　任务检测内容

任务	序号	项目	检测标准
室外照明系统的维护	1	系统绝缘情况维护	检查正常即可,若不正常即进行维修
	2	熔断器的维护	检查正常即可,若不正常即进行维修
	3	照明线路的维护	检查正常即可,若不正常即进行维修
	4	刀开关的维护	检查正常即可,若不正常即进行维修

任务	序号	项目	检测标准
室外照明系统的维护	5	开关的维护	检查正常即可,若不正常即进行维修
	6	地灯的维护	主要是清理工作,若不正常即进行维修
	7	庭院灯的维护	主要是清理工作,若不正常即进行维修

在对照明系统进行正常维护的情况下,若相关线路或器件确实出现了损坏的情况,则需要进行相应的维修工作

任务	序号	项目	检测标准
室外照明系统的维修	1	系统绝缘情况维修	更换绝缘正常的导线或器件,使得系统绝缘情况正常
	2	熔断器的维修	更换新的熔断器
	3	照明线路的维修	更换新的导线或更正线路的连接
	4	刀开关的维修	更换新的刀开关
	5	开关的维修	更换新的开关
	6	地灯的维修	地灯一般不易损坏,若确实损坏则需更换
	7	庭院灯的维修	参见庭院灯常见故障及检修

项目二

➤ 学习单元二 ⬅

供配电监测系统的安装

※单元描述※

　　供配电系统是企业与建筑领域的重要组成部分，是关系到工业与民用建筑内部系统能否安全、可靠、经济运行的重要保证，为现代工业、农业以及人们的日常生活提供必不可少的能量，是提高人们工作质量与效率的重要保障。

　　随着社会的进步，生产和生活对电能的供应要求越来越高。正常的供配电给人们的生产生活带来了方便，为社会带来了经济效益。供电安全问题也十分重要，一旦发生供电事故有可能造成重大的经济损失和人员伤亡，因此对供配电系统的运行状态进行实时有效的监测非常重要。

　　本单元将从供配电监测系统线缆的选择与敷设和供配电监测系统设备的识别与安装两个方面来学习供配电监测系统的安装相关知识，对供配电监测系统形成一个比较清晰的认识。

※单元目标※

知识目标：
（1）了解供配电系统的组成。
（2）了解供配电系统二次回路的组成。
（3）知道供配电监测系统的组成。
（4）掌握供配电监测系统的原理。

能力目标：
（1）能够完成供配电监测系统线缆的选择与敷设。
（2）能够完成供配电监测系统设备的识别与安装。

素养目标：
（1）在进行供配电监测系统的安装过程中，进一步节约成本，提高安全意识。
（2）了解相关供配电监测系统设备，为供配电监测系统的运行与维护打下基础。

项目三
供配电监测系统配线的敷设

※项目描述※

通过对供配电监测系统图的识读和线缆的选择与敷设两个工作任务的完成，初步了解供配电监测系统的相关基础知识，为后续工作打下基础。

※项目分析※

供配电系统分为一次回路和二次回路，二次回路完成对一次回路的检测、控制、调节和保护，二次回路中有一个监测回路部分，要完成监测回路系统配线的敷设，应该对二次回路有一个全面的了解，在此基础上完成这一回路部分配线的敷设。项目三分析如图 3-1 所示。

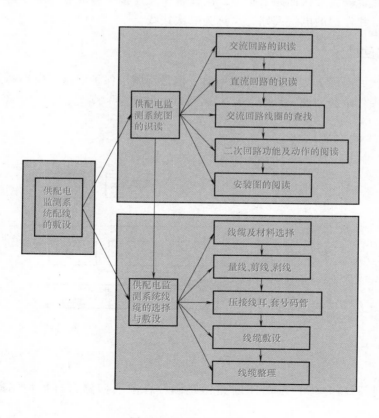

图 3-1　项目三分析图

※任务描述※

本任务主要通过对于二次回路的组成、图形符号、文字符号、项目代号、电气图基本表示方法、电路或元件布局、连接线去向和接线关系的表示法等二次回路电气图相关知识以及二次接线图相关知识的学习，掌握监测系统图的识读方法，具备监测系统图的识读能力。

※相关知识※

一、供配电系统

供配电系统的电气设备分为一次设备和二次设备。一次设备是指直接生产、输送、分配电能的电气设备。一次设备所组成的回路称为一次回路，又称为主接线。二次设备是指对一次设备进行监测、控制、调节和保护的电气设备，如测量仪表、控制及信号器具、继电保护和自动装置等。二次回路是指由二次设备相互连接，构成对一次回路中设备进行检测、控制、调节和保护的电气回路，又称为二次接线。

二、二次回路

按功能二次回路可分为断路器控制回路、信号回路、保护回路、监视和测量回路、自动装置回路和操作电源回路（为保证二次回路供电的回路）等。二次回路系统图如图 3-2 所示。

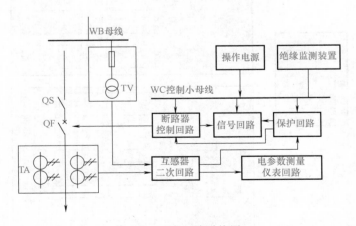

图 3-2 二次回路系统图

断路器控制回路是指控制高压断路器跳闸、合闸的回路，直接控制断路器的操作机构。

信号回路是用来指示一次回路运行状态的回路。包括断路器的位置信号、预告信号、事故信号。

保护回路指供配电系统的继电保护装置。

监测回路指绝缘监测装置和电参数测量仪表回路。绝缘监测装置用于监视小接地电流系统对地的绝缘情况。电参数测量仪表回路包括了有功电能表、无功电能表、电流表、电压表、有功功率表、无功功率表和功率因数表等，用于监测供配电系统的各个电参数，以便及时掌握供配电系统的运行情况，确保供配电系统安全可靠运行。

二次回路的操作电源主要有直流和交流两大类。高压成套配电设备，二次回路通常使用直流 220V 或 110V 作为其工作电源；低压成套配电设备，则通常使用交流 220V 或 380V 作为工作电源。

三、二次电气图相关知识

电气图中元件、部件、组件、设备、装置、线路等一般采用图形符号、文字符号和项目代号来表示。

图形符号、文字符号和项目代号可以看成电气工程语言中的"词汇"。阅读电气图，首先要了解和熟悉这些符号的形式、内容、含义，以及它们之间的相互关系。

1. 图形符号

图形符号是电气图的主体，用于表示电气图中电气设备、装置、元器件的一种图形和符号。

表 3-1 仅列举几种常见的电气元件符号，具体请参考 GB/T 4728—2005~2008《电气简图用图形符号》。

表 3-1　常见的电气元件符号

设备名称	文字符号	图形符号	设备名称	文字符号	图形符号
断路器	QF		接触器	KM	
负荷开关	QL		电压互感器	TV	
隔离开关	QS		电流互感器	TA	
熔断器	FU		热继电器	FR	
刀开关	QK				

图形符号均是按照无电压、无外力作用的正常状态表示的，例如：继电器、接触器的线圈未通电；断路器、隔离开关未合闸；按钮未按下；行程开关未到位等。

在选用图形符号时，应尽可能采用优选形；在满足需要的前提下，尽可能采用最简单的形式；在同一图号的图中只能选用同一种图形形式。

标准中给出的绝大多数图形符号的方位取向是任意的，即图形符号可根据布图需要旋转放置（符号中的文字标记和指示方向均不得倒置）。此外，对于在电气图中占重要地位的各类开关触点应该特别注意：标准中的各类开关、触点符号都是在连接线为竖向布置的形式中给出的，当需要以水平形式布置时，必须将符号按逆时针旋转90°后画出，即必须画成"左开右闭"或"下开上闭"的形式。

2. 文字符号

电气图中，图形符号旁边会标注相应的文字符号，以区分不同的设备、元件，以及同类设备或元件中不同功能的设备或元件。文字符号分为基本文字符号和辅助文字符号，基本文字符号分为单字母符号和双字母符号。

（1）单字母符号　单字母符号是用拉丁字母将各类电气设备、装置和元器件划分为23大类，每大类用一个专用单字母符号表示。其中，由于拉丁字母"I"和"O"容易和阿拉伯数字"1"和"0"混淆，因此不把它们作为单独的文字符号使用，还有字母"J"也未单独使用。

（2）双字母符号　双字母符号是由一个表示种类的单字母符号与另一个字母组成的，其组合形式为单字母符号在前、另一字母在后。只有当单字母符号不能满足要求，需要将大类进一步划分时，才使用双字母符号，以便较详细和具体地表述电气设备、装置和元器件。

（3）辅助文字符号　辅助文字符号用来表示电气设备、装置和元器件以及线路的功能、状态和特征，通常由英文单词的前一两个字母组成。辅助文字符号一般放在基本文字符号的后边，构成组合文字符号，也可单独使用，如"NO"表示常开触点，"NC"表示常闭触点。

文字符号的组合形式一般为"基本符号+辅助符号+数字序号"。例如：第2组熔断器，其文字符号为"FU2"；第4个接触器，其文字符号为"KM4"。

3. 项目代号

二次设备是从属于某一次设备或电路的，而一次设备或电路又从属于某一成套装置，所以所有二次设备都必须按照 GB/T 5094.1—2002《工业系统、装置与设备及工业产品结构原则与参照代号　第1部分：基本规则》的有关规定，标明项目代号和项目种类。

项目代号是用来识别图、图表、表格和设备上的项目种类，并提供项目的层次关系、实际位置等信息的一种特定的代码。通过项目代号可以将图、图表、表格、技术文件中的项目和实际设备中的该项目一一对应和联系起来。

一个完整的项目代号是由四个具有相关信息的代号段组成的，每个代号段都用特定的前缀符号加以区分，它们的具体说明见表3-2。

表 3-2　项目代号具体说明

段号	名称	前缀符号
第一段	高层代号	=
第二段	位置代号	+
第三段	种类代号	-
第四段	端子代号	

（1）高层代号　系统或设备中相对较低层次项目（对给予代号的项目而言）的任何较高层次项目的代号，称为高层代号。高层代号可用任意选定的字符、数字表示。例如：

P1 系统中第 1 个断路器 QF1，可以表示为 "=P1-QF1"；W 系统第 5 个子系统中第 1 个电流表 PA1，可表示为 "=W=5-PA1"，简化为 "=W5-PA1"。

（2）位置代号　项目在组件、设备、系统或建筑物中的实际位置的代号，称为位置代号。位置代号通常由自行规定的拉丁字母或数字组成。在给出表示该项目位置的示意图，并在示意图中标注好相应的位置代号的前提下，才能使用位置代号。

（3）种类代号　用于识别项目种类的代号，是项目代号的核心部分。种类代号一般由字母代码和数字组成，其中的字母代码必须是规定的文字符号。例如：-KM1 表示第 1 个控制电动机的继电器，-QS1 表示第 1 个隔离开关，-QL4 表示第 4 个负荷开关。

常见的种类代号见表 3-3。

表 3-3　种类代号

项目种类	字母代码	项目种类	字母代码
开关柜	A	开关器件	Q
电容器	C	电阻	R
指示灯	H	变压器、互感器	T
电动机	M	导线、电线、母线	W
继电器、接触器	K	端子、接线柱、插头	X
熔断器等保护器件	F	电烙铁、线圈	Y
测量设备	P		

（4）端子代号　用于同外电路进行电气连接的电气导电件的代号，称为端子代号，一般用于表示接线端子、插头、插座、塞孔、连接片一类元件的端子。端子代号通常采用数字或大写字母表示。

例如：-X1 8 表示端子板 X1 的 8 号端子；-K4 63 表示继电器 K4 的 63 号端子。

一个项目可以由一个代号段组成，也可以由几个代号段组成。通常，种类代号可单独表示一个项目，其余大多应与种类代号组合起来，才能较完整地表示一个项目。

4. 电气图的基本表示方法

（1）用于连接线或导线的表示方法

1）多线表示法：指每根连接线或导线各用一条图线表示的方法。多线表示法能详细地表达各相或各线的内容，尤其是在各相或各线内容不对称的情况下宜采用这种表示法。

2）单线表示法：指两根或两根以上的连接线或导线用同一条图线表示的方法。单线表示法主要应用于三相或多线基本对称的情况。

3）混合表示法：指在同一电气图中，既采用了单线表示法，又采用了多线表示法，兼顾了二者的优点。混合表示法既具有单线表示法简洁精练的优点，也具有多线表示法描述对象精确、充分的优点。

（2）用于电气元件的表示方法

1）集中表示法：把一个元件各组成部分绘制在一起的方法。

2）半集中表示法：把一个元件某些组成部分的图形符号在简图上分开布置，并用机械连线表示它们之间关系的方法，其目的在于得到清晰的电路布局。

3）分开表示法：把一个元件各组成部分的图形符号在简图上分开布置，并仅用项目代号表示它们之间的关系，优点在于能够得到清晰的电路布局。

各种表示方法如图 3-3 所示。

a) 集中表示法　　　　b) 半集中表示法　　　　c) 分开表示法

图 3-3　电气元件表示方法

（3）元件工作状态的表示方法　在电气图中用图形符号表示元件、器件和设备，通常对应在非激励或不工作的状态或位置，即元件、器件和设备的可动部分为非激励或不工作的状态或位置。

例如：继电器和接触器在非激励的状态，即线圈不带电；断路器、负荷开关和隔离开关在断开位置；自复位开关在复位位置，自保持开关、切换开关或急停开关在电气图中规定的位置；机械操作开关，例如行程开关，在非工作的状态或位置；熔断器应在非断开状态。

（4）图线的布置　表示导线、信号通路、连接线等的图线一般应为直线，即横平竖直，尽可能减少交叉和弯折，在不可避免产生交叉而且容易产生误解的点必须画上实心黑点以示连接。图线的布置方法通常有水平布置法和垂直布置法两种。

水平布置即将设备和元件按行布置，使得其连接线一般成水平布置。垂直布置即将设备和元件按列排列，使得其连接线成垂直布置。

（5）元件的布局　有功能布局法和位置布局法两种。

1）功能布局法：按照元件的功能关系布局，而不考虑元件实际位置的一种布局方法。在功能布局法中，是按照因果关系将各功能组的元件水平布置或垂直布置；每个功能组的元件集中布置在一起，按照各自的工作顺序排列。大部分的电气图，如系统图、电路图、逻辑图等都采用这种布局方法。

2）位置布局法：按照元件的实际位置布局的一种布局方法，即简图中元件符号的位置对应于该元件实际位置。接线图、电缆配置图、平面布置图等都采用这种布局方法。

（6）连接线去向和接线关系的表示法　有连续线表示法与中断线表示法两种，如图 3-4 所示。

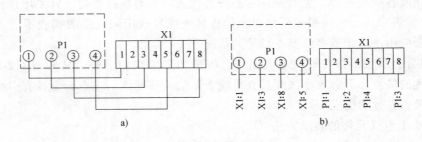

a)　　　　　　　　　　　　　　b)

图 3-4　连续线表示法与中断线表示法

1）连续线表示法：表示两个端子之间连接导线的线条是连续的，如图 3-4a 所示。

2）中断线表示法：表示两个端子之间连接导线的线条是中断的，在线条中断处必须注明导线的去向，即在接线端子出线处标明对方端子的代号，这种标号方法，又称为

"相对标号法"或"对面标号法"，如图 3-4b 所示。

以下情况下可以采用中断线表示法：穿越图面的连接线较长或穿越稠密区域；电气图中存在去向相同的线组；一条图线需要连接到另外的图上。

四、二次接线图

二次接线图是表示二次设备连接关系的一种简图，是二次系统进行布置、安装、接线、查找、调试、维修和故障分析处理的主要依据。

二次接线图包括平面布置图、屏背面接线图和端子接线图三部分。

（1）屏背面展开图 以屏的结构在安装接线图上展开为平面图来表示。屏背面部分装设仪表、控制开关、信号设备和继电器；屏侧面装设端子排；屏顶的背面或侧面装设小母线、熔断器、附加电阻、刀开关、警铃和蜂鸣器等。

（2）屏上设备布置的一般规定 最上部为继电器，中部为中间继电器，时间继电器，下部为经常需要调试的继电器（方向、差动、重合闸等），最下面为信号继电器、连接片以及光字牌、信号灯、按钮和控制开关等。

（3）保护和控制屏面图上的二次设备 均按照由左向右、自上而下的顺序编号，并标出文字符号；文字符号与展开图、原理图上的符号一致；在屏面图的旁边列出屏上的设备表（设备表中注明该设备的顺序编号、符号、名称、型号、技术参数和数量等）；如设备装在屏后（如电阻、熔断器等），在设备表的备注栏内注明。

（4）在安装接线图上表示二次设备 在屏背面接线图中，设备的左右方向正好与屏面布置图相反（背视图）；屏后看不见的二次设备轮廓线用虚线画出；稍复杂的设备内部接线（如各种继电器）也画出，电流表、功率表则不画；各设备的内部引出端子（螺钉），用一小圆圈画出并注明端子的编号。

下面对端子接线图和二次回路展开图进行详细介绍。

1. 端子接线图

端子是用来连接器件和外部导线的导电件，是二次接线中不可缺少的配件，许多端子组合在一起构成端子排。盘后的导线或者设备与盘上二次设备的连接、盘上的不同安装单位设备之间的连接，都必须通过端子排来连接。根据具体的需要，接线端子排由若干个接线端子板组合而成。

常见端子的种类和用途见表 3-4。

表 3-4　常见端子的种类和用途

序号	种类	用　途
1	普通端子	用于盘后和盘上导线的连接，或连接电气装置的不同部分
2	连接端子	用于端子的扩展，进行回路分支或合并，端子间进行连接用（因为国家标准规定，一个端子最多只能引出两根导线）
3	实验端子	用于电流互感器二次绕组出线与仪表、继电器线圈之间的连接，可从其上接入实验仪表，对回路进行测试
4	终端端子	用于端子排的终端或中间，将不同安装项目的端子排进行固定或分隔

由上述二次设备的项目代号介绍可知，端子排文字符号为"X"，端子前缀符号为"-"。在接线图中，端子排的符号标志如图 3-5 所示。

2. 二次回路展开图

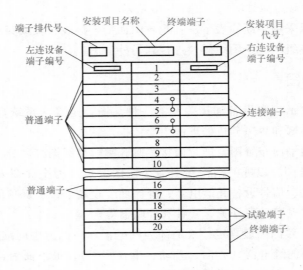

图 3-5 端子排的符号标志

　　某高压线路二次回路的展开式原理图如图 3-6 所示。与此对应，图 3-7 和图 3-8 所示是用中断线表示法来表示连接导线的二次回路接线图。

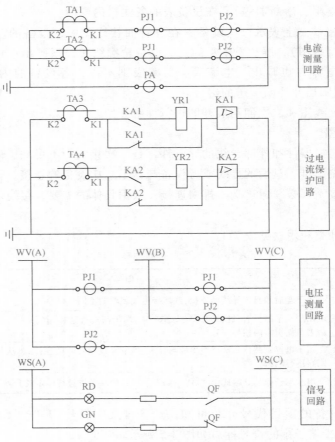

图 3-6　二次回路展开式原理图

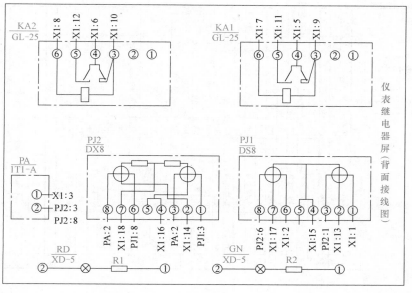

图 3-7　二次回路接线图 1

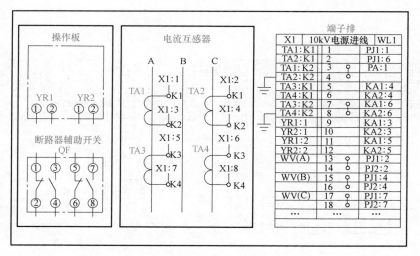

图 3-8　二次回路接线图 2

※资源准备※

供配电系统二次回路图

某高压开关柜二次原理图如图 3-9 和图 3-10 所示。

※任务实施※

二次回路图的逻辑性很强，在绘制时遵循着一定的规律，识读图样时若能抓住此规律就很容易看懂。我们应该遵循下面的看图方法来完成二次回路图的识读，见表 3-5。

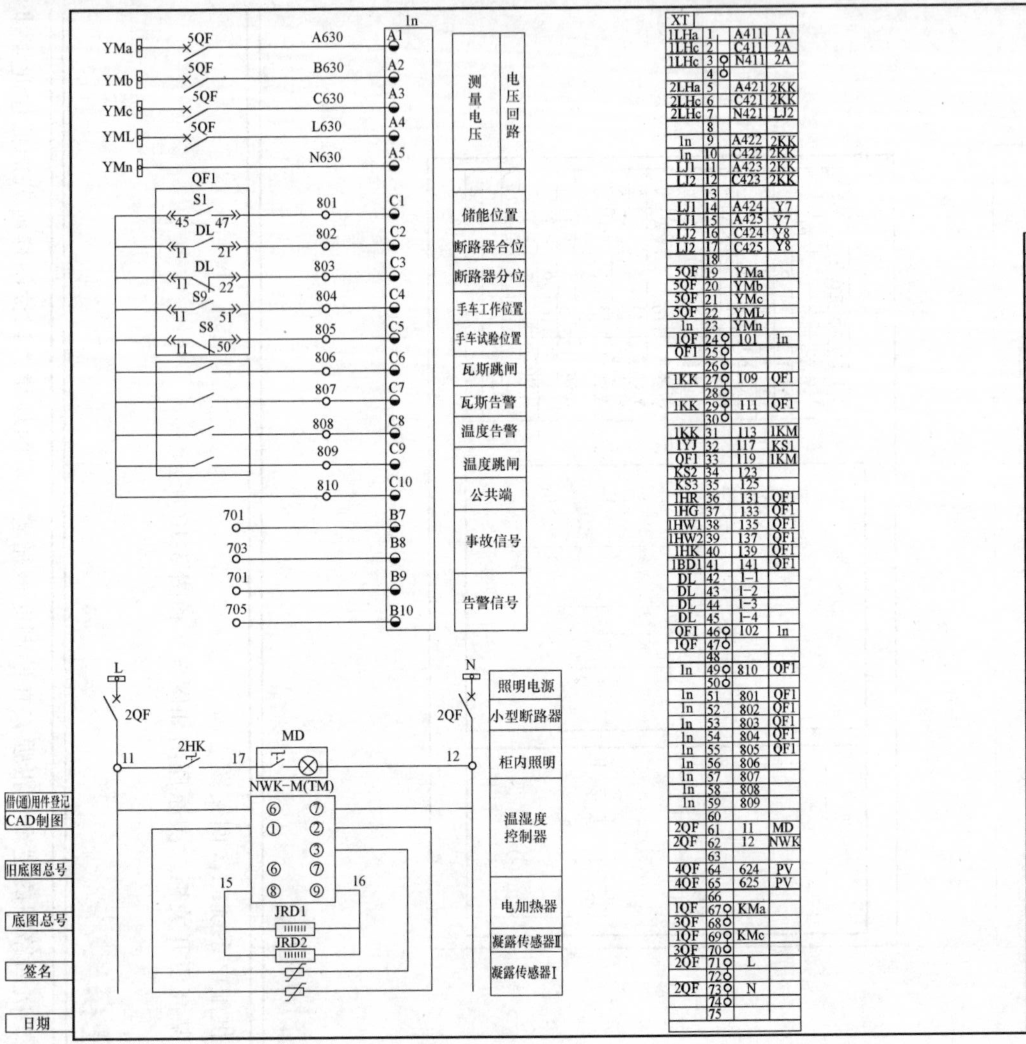

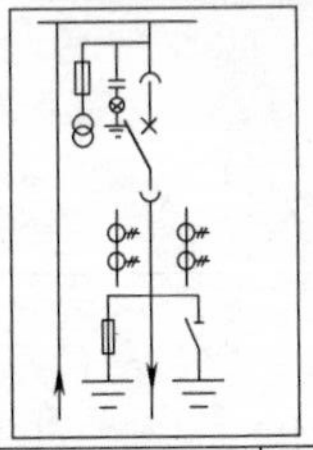

项目三

図 3.9 某高压开关柜二次原理图 1

序号	标号	名称	型号规格	数量	备注
29	5QF	小型断路器	DZ42-4P/6A AC	1	
28	1~4QF	小型断路器	DZ42-2P/6A AC	4	
27	MD	照明灯	CMI AC 220V	1	
26	JDR	加热器	JRD2-50W AC 220V	2	
25	WK	防凝露温控器	N2K-(TH) AC 220V	1	板后接线
24	F	高压避雷器	HY5WS-17/50	1	
23	GSN	带电显示器	DSN-10/T	1	
22	4XB	连接片	JY1-3	3	
21	1~3XB	连接片	JY1-2	1	
20	1SJ	时间继电器	SS61 AC 220V	1	板后接线
19	1YJ	电压继电器	DY-36 160V	1	板后接线
18	LJ1~2	电流继电器	LL-11/5A	2	
17	R1~2	电阻	ZG11-50 2K	1	板后接线
16	KM	中间继电器	DZJ-207AC 220V	1	板后接线
15	KS2	信号继电器	DX-31J 0.075A	1	板后接线
14	KS1, 3	信号继电器	DX-31J AC 220V	2	板后接线
13	1(HG,HR,HW,BD)	信号灯	AD16-22DS AC 220V	5	
12	2KK	转换开关	LW12-16/4	1	
11	1KK	转换开关	LW12-16Z/5858.3	2	
10	1,2HK	旋钮	LA18-11X	1	
9	PV	电压表	6L2-V 0.38/0.1kV	1	
8	1~3A	电流表	6L2-A 30/5	3	
7	In	微机保护器	XNR-100 AC 220V	1	
6	JD	刀开关	JN15-12/31.5-210	1	
5	FU	高压熔断器	XRNP-10 0.38/0.5A	2	
4	TV	电压互感器	JDZ10-10 0.38/0.1/0.22kV	1	
3	LHa~c	电流互感器	LZZBJ9-12 30/5 /10P20	1	
2	1	电压互感器			
1	QF1	断路器	VS1-12/630-25KA	1	

二次原理图

高压开关柜 KYN28A-12

柜号　比例　第1页　共2页

图样标记　图号　日期
设计　校核　工艺
校对　审定
标准化

测量电压　电压回路　储能位置　断路器合位　断路器分位　手车工作位置　手车试验位置　瓦斯跳闸　瓦斯告警　温度告警　温度跳闸　公共端　事故信号　告警信号

照明电源　小型断路器　柜内照明　温湿度控制器　电加热器　凝露传感器II　凝露传感器I

图 3.9 某高压开关柜二次原理图 1

— 86 —

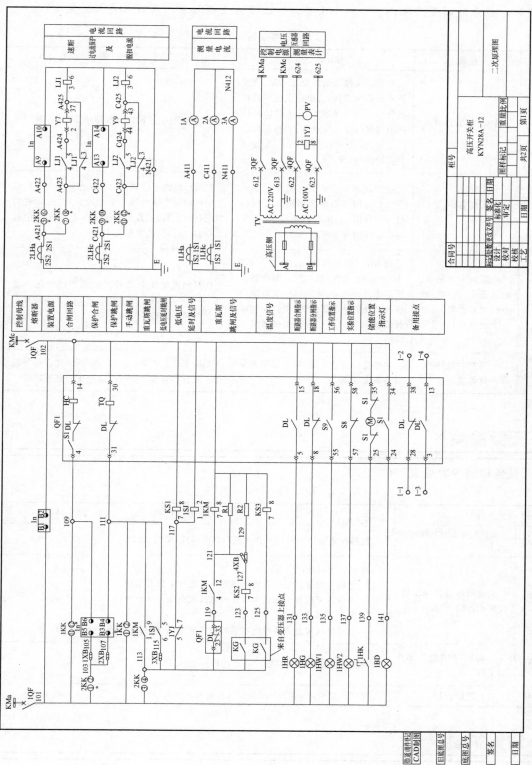

图 3-10 某高压开关柜二次原理图 2

看图口诀：先直流，后交流；交流看电源，直接找线圈；线圈对应查触点，触点连成一条线，触点线圈互关联，一个一个全查清；上下左右顺序看，屏外设备接着连。

表 3-5　任务实施步骤

序号	步骤	具体内容	说　明
1	先交流，后直流	先看二次接线图的交流回路，把交流回路看完弄懂后，根据交流回路的电气量以及在系统中发生故障时这些电气量的变化特点，向直流逻辑回路推断，由交流回路的"因"查找出直流回路的"果"	一般来说，交流回路比较简单，容易看懂
2	交流看电源，直接找线圈	指交流回路的识读一般从电源入手。交流回路由电流回路和电压回路两部分组成，找出相关信息，再找与其相应的触点回路	把每组电流互感器或电压互感器的二次回路中所接的每个继电器一个个地分析完，看它们都用在什么回路，跟哪些回路有关，在头脑中有个轮廓，再往后就容易看了
3	线圈对应查触点，触点连成一条线，触点线圈互关联，一个一个全查清	找出继电器的线圈后，再找出与其相应的触点所在的回路，一般由触点再连成另一回路；此回路中又可能串接有其他的继电器线圈，由其他继电器的线圈又引起它的触点接通另一回路	根据触点的闭合或开断引起回路变化的情况，再进一步分析，直至查清整个二次回路预先设置的动作过程
4	上下左右顺序看，屏外设备接着连	主要是针对展开图、端子排图及屏后设备安装图	原则上先上后下，先左后右，同时结合屏外设备一起看。看端子排图一定要配合展开图看

※任务检测※

任务检测内容见表 3-6。

表 3-6　任务检测内容

序号	内容	检测标准
1	交直流回路的分开识读	能够准确理解交流回路和直流回路的组成、结构、原理
2	交流回路信息的掌握、线圈的查找	掌握以下信息： 1. 它们是由哪些电流互感器或哪一组电压互感器来的 2. 在两种互感器中传送和变化的电流或电压起什么作用 3. 与直流回路有什么作用 4. 这些电气量是由哪些继电器反应出来的，它们的符号是什么
3	二次回路功能及动作的了解	对整个二次回路的功能及动作过程有个整体的了解
4	安装图的识读	完成对展开图、端子排图及屏后设备安装图的识读

※知识扩展※

电气设备常用文字符号见表 3-7。

表 3-7　电气设备常用文字符号

设备、装置和元器件种类	具体元器件	基本字母符号	
		单字母	双字母
组件部件	分离元件放大器	A	
非电量到电量变换器或 电量到非电量变换器	光电池	B	
	温度变换器	B	BT
电容器	电容器	C	
二进制元件延迟器件 存储器件	延迟器	D	
	寄存器	D	
其他元器件	照明灯	E	EL
保护器件	避雷器	F	
发生器 发电机 电源	发生器	G	GS
	同步发电机	G	GS
	蓄电池	G	GB
信号器件	指示灯	H	HL
继电器 接触器	继电器	K	
	交流继电器	K	KA
	接触器	K	KM
电感器 电抗器	感应线圈	L	
	电抗器	L	
电动机	电动机	M	
	同步电动机	M	MS
模拟元件	运算放大器	N	
测量设备 实验设备	电流表	P	PA
	电压表	P	PV
电力电路的开关器件	断路器	Q	QF
电阻器	电阻器	R	
控制记忆信号电路的 开关器件选择器	控制开关	S	SA
	压力传感器	S	SP
	温度传感器	S	ST
变压器	变压器	T	
	电流互感器	T	TA
	电压互感器	T	TV
调制器 变换器	变频器	U	
	整流器	U	
电子管 晶体管	二极管	V	
	发光二极管	V	VL
传输通道	导线	W	
	母线	W	WB

（续）

设备、装置和元器件种类	具体元器件	基本字母符号	
		单字母	双字母
端子插头插座	接线柱	X	
	连接片	X	XB
	端子板	X	XT
电气操作的机械器件	电磁铁	Y	
	电动阀	Y	YM
	电磁阀	Y	YV
终端设备混合 变压器、滤波器等	电缆平衡网络	Z	
	网络	Z	

任务二　供配电监测系统线缆的选择与敷设

※任务描述※

在电气回路中，二次回路是保证生产过程能协调、安全、保质保量地顺利进行的重要回路。二次回路故障会破坏或影响生产工作的正常进行，因此，二次回路接线的选择与连接显得尤为重要。本任务将完成二次回路线缆的基本选择方法与敷设的技巧及注意事项，以确保实际施工时工程的质量及安全性。

※相关知识※

一、线缆选择的基本要求

线缆选择的主要内容是导体截面积选择和绝缘材料选择。高压线电缆选择侧重经济性，低压配电线缆选择的基本要求简要介绍如下。

1. 绝缘类型

导体的绝缘类型应按敷设方式及环境条件选择。

2. 工作电压

绝缘导体符合工作电压的要求，室内敷设塑料绝缘电线不应低于 0.45/0.75V，电力电缆不应低于 0.6/1kV。

3. 低压配电导体截面积

1）按敷设方式、环境条件确定的导体截面积，其导体载流量不应小于预期负荷的最大计算电流和按保护条件所确定的电流。

2）线路电压损失不应超过允许值。

3）导体应满足动稳定和热稳定要求。

4）导体最小截面积应满足机械强度的要求。

低压配电导体截面积应同时符合上述各项要求。在采用各种计算方法求出的导体截面积中，选择最大导体截面积，就能满足各种要求。

4. 载流量的修正

当导体载流量与环境温度不相符合，或敷设方式不同，或线路中存在谐波时，应修正导体载流量。

二、二次回路控制电缆和导线的选用

1）控制电缆用于二次设备之间的连接。控制电缆一般选用铜芯导线，截面积选用 $1.5 \sim 10\text{mm}^2$，芯数为 $4 \sim 37$ 芯。常用聚氯乙烯绝缘聚氯乙烯护套裸铜带铠装控制电缆（KVV20 系列）；弱电回路中常用信号电缆（$2 \sim 48$ 芯）作为二次回路用电缆，其额定电压在 250V 及以下，线芯截面积在 1.0mm^2 以下，常用 PVV 系列聚氯乙烯绝缘聚氯乙烯护套信号电缆。

2）二次回路用导线一般为铜芯，采用橡皮绝缘或聚氯乙烯绝缘（BV—塑料线；BVV—塑料护套线；BVR—塑料软线）。

三、控制电缆和导线线芯截面积的选择

1. 按机械强度

二次回路用电缆和电线线芯截面积不应小于 1.5mm^2，在弱电回路中还可略小（如远动装置铜芯截面积不应小于 0.5mm^2。

2. 按电气要求

1）在测量仪表的电流回路中，不应小于 2.5mm^2。

2）在保护装置的电流回路中，应根据电流互感器 10% 误差曲线进行校核。在差动保护装置中，如截面积过小，将因误差过大而误动作。

3）在电压回路中，应按允许电压降选择；电压互感器只计费用的电能表的电压降不得超过 0.5%；在正常负荷下，只测量的仪表电压降不得超过 3%；当全部保护装置动作和接入全部测量仪表时，至保护和自动装置的电压降不得超过 3%。

4）在操作回路中，应按正常最大负载下至各设备的电压降不得超过 10% 进行校核。

四、控制电缆线芯的接线

控制电缆接线前，应将其绑扎成束，备用芯线不应锯掉而应按该电缆使用芯线的最大长度预留后排列在线束内，同一块盘内的形式应统一，线束可用塑料带或尼龙扎带绑扎，间距相等。各根电缆芯线束排列时应相互平行，横向芯线应与纵向线束垂直。接线完工后，进行全面检查、整理，使外观整齐。

※ 资源准备 ※

1. 二次回路图

详见"学习单元二项目一任务一"的"资源准备"部分。

2. 硬件资源包括安装工具、辅材和线缆等见表3-8。

表 3-8　硬件资源

序号	分类	名称	型号规格	数量	单位
1	安装工具	常用电工箱		1	个
2	辅材	绝缘胶带			
3	线缆	铜芯塑料绝缘导线	2.5mm^2	1	捆

注：常用电工箱包含钢丝钳、卷尺、一字螺钉旋具、十字螺钉旋具、电工刀和剥线钳等。

※任务实施※

任务实施步骤见表 3-9。

表 3-9　任务实施步骤

序号	步骤	具体内容	说　明
1	阅读图样	根据图样考虑线路布线方案	
2	准备材料	领取与图样要求相符合的导线及标记套、接线端子、行线槽等	 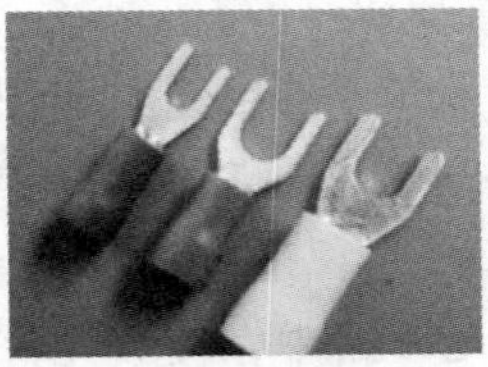 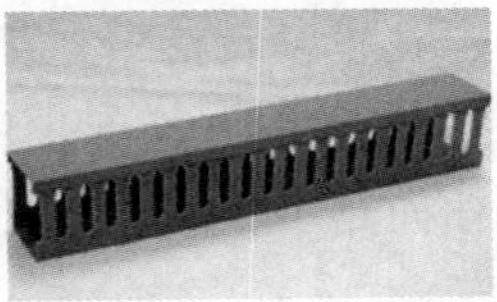
3	量线、剪线、剥线	根据接线图、屏内需要连线设备之间的距离确定电线的长度，留有适当余量后，剪取适当长度的电线，并在线的两端剥去绝缘层	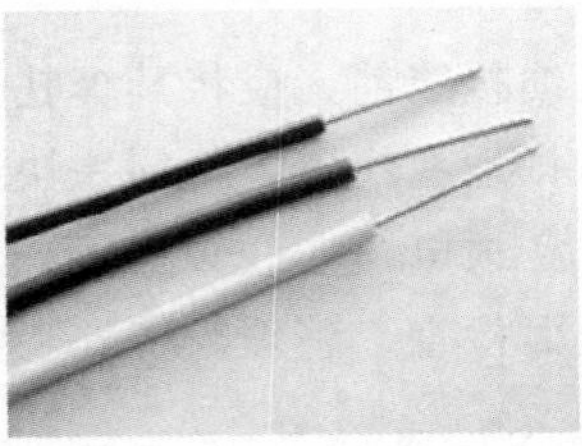
4	压接接线耳、套号码管	在剥好线头的导线上压接接线耳，并套好号码管	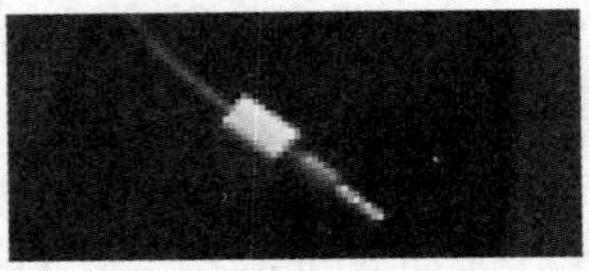

序号	步骤	具体内容	说　明
5	线路敷设	根据接线图、屏内设备布局进行敷设	应做到横平竖直,层次清楚 用尼龙扎带捆扎时应注意形状美观,保持线束平直挺括,捆扎时扎带应锁紧,扎带锁头位置一般放在侧边上角处,尼龙尾线留3mm长为宜 也可将二次线敷设在专为配线用的塑料行线槽内。此时,只需将导线整理齐而无需捆扎
6	整理导线,做成线束	二次线在敷设途中可依次分出或补入需要连接的电器导线而逐渐形成总体线束与分支线束	

任务实施中的注意事项:

1）线束敷设途中,遇有金属障碍物时,则应弯曲绕过,导线与金属应保持4mm以上间距。

2）线束或导线的弯曲,不得使用尖口钳或钢丝钳,只允许使用手指或弯线钳,以保证导线的绝缘层不受损坏。

3）当线束穿过金属件时，金属件上要求套橡皮圈加以防护。如防护有困难时，二次线束必须包以塑料带。

4）二次线的敷设不允许从母线相间或安装孔穿出。

5）二次导线的固定。

① 二次导线用支架及线夹固定。支架的间距：低压柜一般情况下，横向不超过300mm，纵向不超过400mm；一般情况下，高压柜横向不超过500mm，纵向不超过600mm。

② 安装线夹时，可按导线数量多少选用不同规格的线夹。凡是不接线的螺钉应全部紧固，以防止螺钉脱落。

③ 线束固定要求牢固，不松动。在两个固定点外不允许有过大的颤动，当线夹与线束间有空档时，可用残余线头去填补，并可适当加垫塑料或黄蜡绸，以防止松动。

④ 过活门处线束，应将一端固定在柜箱的支架上，另一端固定在活门的支架上，这一段线束的长度应是活门开启到最大限度时，两支架间距离的 1.2~1.4 倍。并弯成 U 形，外面套上缠绕管，以保证活门在开启过程中不损伤导线。

⑤ 过门处若导线数目较多时，为保证门开闭顺利，及避免损伤导线，可从两处或两处以上过门。

⑥ 两扎带捆扎距离一般在 100~150mm，要求一台产品内或一产品段内距离应一致。在线束始末两端弯曲及分线前后，必须扎牢，而在线束中间则要求均匀分布。

⑦ 所有仪表、继电器、电器设备、端子排及连接的导线均应有完善、清楚、牢固正确的标记套（号码管），元件本身的连接可不用标记套。

⑧ 导线接好后，从接头点垂直方向看去应无羊眼圈（圆圈状）导体外露。

⑨ 同一端头一般只能接一根导线，严禁同一端接三根或三根以上导线。若需要接两根导线，两导线之间应垫以精致平垫圈。

⑩ 导线接入电能表时，应将导线剥去一段绝缘层，对折后插入接线盒孔内。导体在接线盒内应有足够长度，确保两只螺钉全部接触，然后将两只螺钉全部拧紧。

⑪ 导线接至发热元件的一端，导线应套一段磁珠（套）。

⑫ 二次接线在端头上应有防松装置。所有接头螺母及螺钉上紧应使用合适工具，螺母螺钉上紧后不应有起毛及损坏镀层现象。

⑬ 二次导线接入母线时，需在母排上钻 $\phi 6mm$ 的孔，用 M5 螺钉连接。

⑭ 如二次元件本身具有引出线时，应通过端子过渡后才能与盘内二次连接。接线端应就近固定。若引出线过短，应采用锡焊的方法与二次导线连接，外面再套上塑料套管。

6）端子排的安装。

① 端子排的始端必须装可标出单元名称的标记端子，末端装以挡板。同一端子排不同安装单位间也要装标记端子，以便分辨。

② 每一安装单位的端子排的端子都要有标号，字迹必须端正清楚。

③ 端子排必须写上顺序号，若不能写顺序号的必须每隔五档用漆涂上记号，以便查对。

④ 端子排由于空间的限制安装困难时，可分两排或多排进行安装。

⑤ 端子排安装时应注意槽板方向。横向安装时，应使端子不会向下拉出槽板；纵向安装时，应使端子不会向外拉出槽板。

⑥ 每个端子接线螺钉只允许接一根导线，连接端子要用连接片，不接导线的螺钉也必须拧紧。

※任务检测※

任务检测内容见表3-10。

表3-10　任务检测内容

序号	内容	检 测 标 准
1	阅读图样	仔细阅读，确定好线路路径，提高线路敷设的效率
2	准备材料	看清图样，按照图中要求准备材料
3	量线、剪线、剥线	根据布线路径量线、剪线，注意节约，适当留有余量；剥线时，绝缘层不要剥离太长，适合于接线即可，剥线时，绝缘层用垃圾桶收集好，注意环境保护
4	压接接线耳、套号码管	套好号码管，并做好号码标记，以便日常维护及故障维修过程中的线路检查；压接接线耳时注意不要压接到绝缘层，造成线路断路故障；压接接线耳时应压接牢固，以防接线过程中接线耳掉落
5	线路敷设	按照确定好的线路路径进行线路敷设，线路敷设过程中注意线路的整齐性，尽量理顺，线路不要交叉。总体线束与分支线束应保持横平竖直、牢固、清晰美观
6	整理导线，做成线束	线束应该整齐美观，留有余量。线束原则上应避免在发热元件上方敷设。塑料行线槽的配置可只配置于纵向（或横向）总体线束，分支线束不配置

※知识扩展※

用作电线电缆的导电材料，通常有铜和铝两种。铜材的电导率高，50℃时的电阻率，铜为 $0.0206\mu\Omega\cdot m$，铝为 $0.035\mu\Omega\cdot m$；载流量相同时，铝线芯截面积约为铜的 1.5 倍。采用铜线芯损耗比较低，铜材的力学性能优于铝材，延展性好，便于加工和安装，抗疲劳强度约为铝材的 1.7 倍。但铝材密度小，在电阻值相同时，铝线芯的质量仅为铜的一半，铝线缆明显较轻。

固定敷设用的绝缘电线一般采用铜线芯。

一、导线分类

1）按材质分类：聚氯乙烯（PVC）绝缘电线、橡皮绝缘电缆、低烟低卤、低烟无卤、硅橡胶导线和四氟乙烯线等类型。

2）按防火要求分类：普通、阻燃类型。

3）按线芯分类：BV、BVR（单股 $0.5mm^2$ 左右）、RV 线（单根 $0.3mm^2$ 左右）。

4）按温度分类：普通70℃、耐高温105℃。

5）按颜色分类：黑线、色线，优先推荐使用黑色线。

6）按电压分类：额定电压值 300/500V、450/750V、600/1000V、1000V 以上。

二、常用电缆

1. 普通电缆

1）聚氯乙烯绝缘电线、电缆（BV 450/750V 一般用于单芯硬导体无护套电缆，RV

450/750V 一般用于单芯软导体无护套电缆，BVR 450/750V 一般用于铜芯聚氯乙烯绝缘电缆），其线芯长期允许工作温度为 70℃；短路热稳定允许温度为 $300mm^2$ 及以下截面积时为 160℃，$300mm^2$ 以上截面积时为 140℃。

特点：耐油、耐酸碱腐蚀，有一定的阻燃性能，但是在燃烧时，会散发毒气及烟雾。

缺点：对于气候适应性能差，低温时变硬发脆。适用温度范围为 −15～60℃ 之间。低于 −15℃ 的严寒地区应选用耐寒聚氯乙烯电缆。高温或日光照射下，增塑剂易挥发而导致绝缘加速老化，因此，在未具备有效隔热措施的高温环境或日光经常强烈照射的场合，宜选用相应的特种电线、电缆，如耐热聚氯乙烯线缆。线芯长期允许工作温度达 90℃ 及 105℃ 等，适应在环境温度 50℃ 以上使用。

2）交联聚乙烯绝缘电线、电缆，其线芯长期允许工作温度为 90℃，短路热稳定允许温度为 250℃。6～35kV 交联聚乙烯绝缘聚氯乙烯护套电力电缆使用比较广泛。

特点：普通的交联聚乙烯材料不含卤素，不具备阻燃性能，但燃烧时不会产生大量毒气及烟雾，用它制造的电线、电缆称为"清洁电线、电缆"。若要兼备阻燃性能，须在绝缘材料中添加阻燃剂，但这样会使机械及电气性能下降。采用辐照工艺可提高机械及电气性能，又可使绝缘耐温提高至 125～135℃。

3）橡皮绝缘电力电缆。线芯长期允许工作温度为 60℃，短路热稳定允许温度为 200℃。特点如下：

① 弯曲性能较好，能够在严寒气候下敷设，特别适用于水平高差大和垂直敷设的场合。它不仅适用于固定敷设的线路，也可用于定期移动的固定敷设线路。移动式电气设备的供电回路应采用橡皮绝缘橡皮护套软电缆（简称橡套软电缆）；有屏蔽要求的回路，如煤矿采掘工作面供电电缆应具有分相屏蔽。普通橡胶遇到油类及其化合物时，很快就被损坏，因此在可能经常被油浸泡的场所，宜使用耐油型橡胶护套电缆。普通橡胶耐热性能差，允许运行温度较低，故对于高温环境又有柔软性要求的回路，宜选用乙丙橡胶绝缘电缆。

② 乙丙橡胶（EPR）的全称是交联乙烯—丙烯橡胶，具有耐氧、耐臭氧的稳定性和局部放电的稳定性，也具有优异的耐寒特性，即使在 −50℃ 时，仍保持良好的柔韧性。此外，它还有优良的抗风化和光照的稳定性。特别是它不含卤素，又有阻燃特性，采用氯磺化聚乙烯护套的乙丙橡皮绝缘电缆，适用于要求阻燃的场所。乙丙橡胶绝缘电缆在我国尚未广泛应用，但在国外特别是欧洲早已大量应用。它有较优异的电气、机械特性，即使在潮湿环境下也具有良好的耐高温性能。线芯长期允许工作温度可达 90℃，短路热稳定允许温度为 250℃。

2. 阻燃电缆

（1）阻燃电缆概念及分类

阻燃电缆是指在规定实验条件下被燃烧，能够使火焰蔓延仅在限定范围内，撤去火源后，残焰和火灼能在限定时间内自行熄灭的电缆。

根据阻燃电缆燃烧时的烟气特性可分为一般阻燃电缆、低烟低卤阻燃电缆、无卤阻燃电缆、隔氧层一般阻燃电缆和隔氧层低烟无卤阻燃电缆五大类。

1）一般阻燃电缆：阻燃性能好且价格低廉，但燃烧时烟雾浓、酸雾及毒气大。

2）低烟低卤阻燃电缆：电缆燃烧时要求气体酸度较低，测定酸气逸出量在 5%～10% 的范围，酸气 pH<4.3，电导率 ≤20μS/mm，烟气透光率>30%。

3）无卤阻燃电缆：电缆在燃烧时不产生卤素气体，酸气含量在 0~5% 的范围，酸气 pH≥4.3，电导率≤10μS/mm，烟气透光率>60%。无卤阻燃电缆燃烧时烟少、毒低、无酸雾。它的烟雾浓度是一般阻燃电缆的 1/10。

4）隔氧层一般阻燃电缆：采用 PVC 及 XLPE 绝缘，阻燃等级均可达 A 级，烟量少于同类低烟低卤阻燃电缆。交联聚乙烯绝缘的隔氧层电缆，耐压等级可达 35kV 级，而价格比同类绝缘的普通电缆高得不多，是一种有推广价值的阻燃电缆。

5）隔氧层低烟无卤阻燃电缆：采用聚烯烃绝缘材料，阻燃玻璃纤维为填充料，辐照交联聚烯烃为护套，阻燃等级可达 A 级。它们发烟量低于隔氧层一般阻燃电缆，是一种较为理想的阻燃电缆，但是它的价格较贵。

（2）阻燃电缆的型号标注

△—□—○—$U_o/U m×s$

其中，△——阻燃代号。ZR 或 Z 为一般阻燃；DDZR 或 DDZ 为低卤低烟阻燃；WDZR 或 WDZ 为无卤低烟阻燃；GZR 或 GZ 为隔氧层一般阻燃；GWL 为隔氧层低烟无卤阻燃。

□——发烟量及阻燃等级。

○——材料特性及结构，如 W（PVC）、YJV（XLPE）等，按 GB/T 2952—2018 规定。

U_o/U——额定电压（kV）。

m——芯数。

s——截面积（mm^2）。

例如：ZR-Ⅱ A-YJV-8.7/103×240。

当没有发烟量限制时，亦可简化为 ZA-YJV-8.7/103×240。

平常使用最多的为 ZB-BVR（RV）导线，为 B 级阻燃。

3. 耐火电缆

（1）耐火电缆分类 按绝缘材质可分为有机型和无机型两种。

1）有机型：主要是采用耐高温 800℃ 的云母带以 50% 重叠搭盖率包覆两层作为耐火层。外部采用聚氯乙烯或交联聚乙烯为绝缘，若同时要求阻燃，只要将绝缘材料选用阻燃材料即可。它之所以具有"耐火"特性完全依赖于云母层的保护。采用阻燃耐火型电缆，可以在外部火源撤出后迅速自熄，使延燃高度不超过 2.5m。由于云母带耐温 800℃，有机类耐火电缆一般只能做到 B 类。加入隔氧层后，可以耐受 950℃ 高温而达到耐火 A 类标准。

2）无机型：采用矿物绝缘。它是采用氧化镁作为绝缘材料，铜管作为护套的电缆，国际上称为 MI 电缆。在某种意义上是一种真正的耐火电缆，只要火焰温度不超过铜的熔点 1083℃，电缆就安然无恙。除了耐火性外，还有较好的耐喷淋及耐机械撞击性能，适用于消防系统的照明、供电及控制系统以及一切需要在火灾中维持通电的线路。它又是一种耐高温电缆，允许在 250℃ 的高温下，长期正常工作，因此适合在冶金工业中应用，也适合在锅炉装置、玻璃炉窑、高炉等高温环境中使用。

（2）耐火电缆的型号标注

△—□—○—$U_o/U m×s$

其中，△——耐火代号，一般标注为 NH；阻燃耐火为：阻燃 A 级 ZANH；阻燃 B 级

ZBNH；阻燃 C 级 ZRNH 或 ZNH；低卤低烟阻燃耐火 DDZRNH 或 DDZN；无卤低烟阻燃耐火 WDZRNH 或 WDZN；隔氧层一般阻燃耐火 GZRNH 或 GZN；隔氧层低烟无卤阻燃耐火 GWLNH 或 GWN。

□——耐火类别。当采用 B 类耐火时可省略。

○——材料特性及结构。

U_o/U——额定电压（kV）。

m——芯数。

s——截面积（mm²）。

例如：NH-VV-0.6/13×240+1×120，即表示一般 B 类耐火型聚氯乙烯绝缘及护套电力电缆。

又如：ZRNH-VV22-0.6/13×240+1×120，即表示阻燃 C 型，耐火 B 型，无发烟量限制的聚氯乙烯绝缘，聚氯乙烯护套钢带内铠装电力电缆。

4. 选线

1）依据技术《电装说明》或《加工技术协议》确定导线颜色、截面积以及导线材质。

2）选线标准。

① 一次选用原则：有低压断路器按低压断路器选用，低压断路器整定值可调整时按最大值选用，整定值为固定时按固定值选取。如没有低压断路器，如只有刀开关、熔断器、低压电流互感器等则以低压电流互感器的一侧额定电流值选取分支母线截面积。如果这些都没有，还可按接触器额定电流选取，如接触器也没有，最后才是按熔断器熔芯额定电流值选取。

② 颜色：没有明确规定的，导线颜色选用黑色。

③ 额定电压：没有明确规定的，380V 系统中选用 450/750V 导线。

④ 导线耐温度：没有明确规定的，普通环境选用 700℃。

⑤ 一次回路：一般回路最小选用 2.5mm² 导线；8PT 抽屉内部最小选用 2.5mm² 导线，抽屉外部接线盒最小选用 4mm² 导线。

⑥ 二次回路：一般控制回路最小选用 1.5mm² 导线，电流回路最小选用 2.5mm² 导线，PLC 模块最小选用 0.75mm² 导线，排风扇使用 1.5mm² 护套电缆。

5. 放线注意事项

1）在地面放线时地面必须干净、平整，无障碍物。

2）不得造成导线线芯扭曲。

3）BV 硬线扯线不得造成线芯截面积损伤，一端固定，放线后另一端截断，用克丝钳（绝缘钢丝钳）夹住轻拽 2~3 下，线捋直就行。

项目四
供配电监测系统设备的识别与安装

※项目描述※

本项目主要完成供配电监测系统设备的识别与安装。

※项目分析※

通过完成本项目两个任务（见图4-1）的实施，使工程人员具备供配电监测系统设备的相关知识、职业技能，并具备独立完成供配电监测系统设备安装的职业能力。

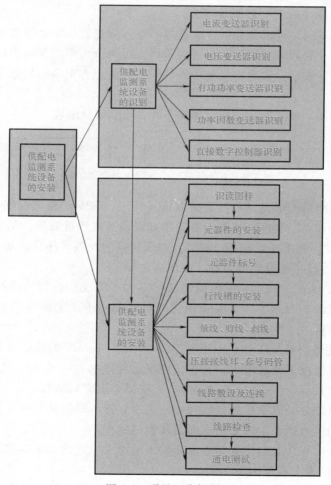

图 4-1　项目四分析图

任务一 供配电监测系统设备的识别

※任务描述※

根据已知的供配电监测系统图及电路接线图，认识所需相关设备，了解相关设备参数、接线方式和使用方法。

※相关知识※

一、电量变送器

1. 概述

电量变送器是一种将交流电压、交流电流、有功功率、无功功率、有功电能、无功电能、频率、相位、功率因数、直流电压和直流电流等被测电量转换成按线性比例直流电流或电压输出（电能脉冲输出）的测量仪表。

按照被测量的不同，可以分为电流变送器、电压变送器、功率因数变送器、有功功率变送器和无功功率变送器等。按照输出量的不同，可以分为模拟量输出电量变送器和数字量输出电量变送器，数字量输出电量变送器的输出往往包含更多的信息。

2. 工作原理

电量变送器的基本测量电路一般由图 4-2 所示几个部分组成。

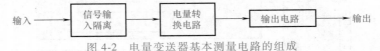

图 4-2 电量变送器基本测量电路的组成

由于我们需要测量的电量一般都为高电压（57.7～380V）和大电流（1～10A），如果不对它们进行隔离和减小幅度，将对人身安全和设备造成严重威胁，信号输入隔离一般采用电压互感器（PT）和电流互感器（CT），对于信号输入隔离部分的基本要求如下：

1）信号隔离的耐压绝缘性能要好，耐压应>2kV。

2）线性要好，由于 PT、CT 都采用铁磁材料加工而成，它们的线性不好，在以后的电路中是很难补偿的，因此，一定要选用优质材料和先进工艺制造的高线性度 PT、CT，才能保证变送器测量的线性度。

3）PT、CT 的输出负载要小，由于变送器使用的 PT、CT 的铁心截面积受体积限制都比较小，因此随着输出负载的增大，其非线性将急剧增加，一般 PT 的输出电流应<1mA，CT 的输出电流应<10mA（一般为 5mA 左右），取样电阻应<200Ω。

电量转换电路部分是电量变送器的核心，通过它把不同的被测电量转换成相应的输出电量，相应于不同的被测电量而采用不同的转换电路。

输出电路部分的作用是输出变送器需要输出的电量，它的基本要求如下：

1）具有一定的带负载能力。

2）恒定输出。即在一定的负载范围内，其输出值不受负载变化的影响，即在电压输出时，应为恒压输出，电流输出时应为恒流输出。

二、电流变送器

1. 概述

电流变送器是一种将被测交流电流、直流电流、脉冲电流转换成按线性比例输出直流电压或直流电流并隔离输出模拟信号或数字信号的装置。电流变送器如图4-3所示。

电流变送器分交流电流变送器和直流电流变送器两种。交流电流变送器是一种能将被测交流电流转换成按线性比例输出直流电压或直流电流的仪器。交流电流变送器具有单路、三路组合结构形式，其特点如下：

图4-3 电流变送器

1）准确度高（典型的为0.2%，最好的为0.05%）。

2）整个量程范围都有极高的线性度。

3）集成化程度高，结构简单，具有优良的温度特性和长期工作稳定性，使得变送器免于定期校验。

直流电流变送器将被测信号经电量转换电路变换成一个与被测信号成极好线性关系并且完全隔离的电压，再经恒压（流）至输出。它具有原理非常简单、线路设计精炼、可靠性高和安装方便等优点。

电流变送器可以直接将被测主回路中的交流电流转换成按线性比例输出的直流4~20mA（通过250Ω电阻转换成直流1~5V或通过500Ω电阻转换成直流2~10V）恒流环标准信号，连续输送到接收装置（计算机或显示仪表）。

电流变送器一、二次侧高度绝缘隔离，有两线制和三线制的输出接线方式。三线制变送器有辅助工作电源+24V的正端、负端和信号输出端。

电流变送器具有超低功耗，单只静态时为0.096W，满量程时功耗为0.48W，输出电流内部限制时功耗为0.6W。

2. 分类及特点

（1）数字式电流/电压变送器 主要特点如下：

1）数字量输出，采用光纤传输，可有效避免传输过程的损耗和电磁干扰。

2）双通道测量，可以是一路电压、一路电流或两路电压或两路电流的组合；每个通道的量程可单独配置；电压、电流组合可以实现功率测量，两个相同属性通道可用于实现微差测量；同一个测量通道既可测量模拟量，又可测量脉冲量。

3）模拟量测量技术指标。

带宽：100kHz；采样频率：250kHz；准确度：0.05级或0.1级；电压测量范围：不同型号可涵盖1mV~1280V的交直流电压；电流测量范围：不同型号可涵盖100μA~128A的交直流电流。

4）脉冲量测量技术指标。

频率：0.1Hz~50kHz；幅值：模拟量输入范围；波形：结合截止频率可设置的滤波器，可以测量任意信号的基波频率。

由于上述特性，使其既可以直接用于测量各种1280V/128A以下的电参量，又可与互感器、霍尔电压传感器、霍尔电流传感器、分压器、分流器和罗氏线圈等各种电量传感器配套测量更高的电压和更大的电流；还可与热电偶、流量、压力、位移、转速、扭矩、振动等传感器或其他类型的模拟量输出变送器配套使用测量各种非电量信号；相同属性的两个通道进行微差测量可方便地实现互感器校验仪等功能。

（2）两线制电流变送器　两线制是指现场变送器与控制室仪表联系仅用两根导线，这两根线既是电源线，又是信号线。两线制与三线制（一根正电源线，两根信号线，其中一根共用 GND 线）和四线制（两根正负电源线，两根信号线，其中一根为 GND 线）相比，两线制的优点如下：

1）不易受寄生热电偶和沿电线电阻压降和温漂的影响，可用非常便宜的更细的导线；可节省大量电缆线和安装费用。

2）在电流源输出电阻足够大时，经磁场耦合感应到导线环路内的电压，不会产生显著影响，因为干扰源引起的电流极小，两线制一般利用双绞线就能降低干扰；三线制与四线制必须用屏蔽线，而且屏蔽线的屏蔽层要妥善接地。

3）电容性干扰会导致接收器电阻产生误差，对于 4~20mA 的两线制环路，接收器电阻通常为 250Ω（取样 $U_{out}=1~5V$），这个电阻小到不足以产生显著误差，因此，可以允许的电线长度比电压遥测系统更长。

4）各个单台示读装置或记录装置可以在电线长度不等的不同通道间进行换接，不因电线长度的不等而造成精度的差异，实现分散采集。分散式采集的好处在于分散采集，集中控制。

5）将 4mA 用于零电平，使判断开路与短路或传感器损坏（0mA 状态）十分方便。

6）在两线输出口非常容易增设一两只防雷防浪涌器件，有利于安全防雷防爆。

在单片机控制的许多应用场合，都要使用电流变送器将单片机不能直接测量的信号转换成单片机可以处理的电模拟信号，两线制电流输出型电流变送器因其具有极高的抗干扰能力而被广泛应用。

三、电压变送器

1. 概述

电压变送器是一种将被测交流电压、直流电压、脉冲电压转换成按线性比例输出直流电压或直流电流并隔离输出模拟信号或数字信号的装置。电压变送器用于测量电网中波形畸变较严重的电压或电流信号，也可以测量方波、三角波等非正弦波形。电压变送器如图4-4所示。

2. 分类及特点

按照输入信号类型，可以分为直流电压变送器、交流电压变送器及交直流两用电压变送器。

按照输出信号类型，可以分为模拟量输出电压变送器和数字量输出电压变送器。

注意：数字量输出电压变送器在前面介绍电流变送器时已经介绍，为了描述的简化，这里不再重复介绍，以下描述的电压变送器均指模拟量输出电压变送器。

图 4-4　电压变送器

电压变送器具有以下特点：

1）将被测直流电压隔离转换成按线性比例输出的单路标准直流电压或直流电流。

2）低功耗、三重隔离、可靠性高。

3）优良的抗干扰能力和高精度性。

4）电压拔插端子接入、标准导轨安装。

5）广泛应用于各类工业电压在线隔离检测系统。

6）体积小。

7）供电在 11～30V 内通用。

四、有功功率变送器

有功功率变送器是一种将电网中的有功功率隔离变送成线性的直流模拟信号的装置。有功功率变送器测量电网中的有功功率，并将有功功率隔离变送成线性的直流模拟信号。有功功率变送器如图 4-5 所示。

图 4-5　有功功率变送器

五、功率因数变送器

1. 概述

功率因数变送器可将一负载的交流电流和电压之间的功率因数，转换成按线性比例输出的直流电流或电压。它配以相应的指示仪表或装置，可供电力系统或其他工业部门使用。功率因数变送器如图 4-6 所示。

2. 特点

1）适用于单相线路、三相三线和三相四线平衡线路，对于不同线路，仅改变接线方式，即可用同一变送器测量线路功率因数。

图 4-6　功率因数变送器

2）以单片机等微处理器为核心，采用高效算法，实现交流电路频率的精确测量。

六、直接数字控制器

1. 概述

DDC（Direct Digital Control，直接数字控制器）系统的组成通常包括中央控制设备（集中控制计算机、彩色监视器、键盘、打印机、不间断电源和通信接口等）、现场 DDC、通信网络以及相应的传感器、执行器、调节阀等元器件。DDC 如图 4-7 所示。

它代替了传统控制组件，如温度开关、接收控制器或其他电子机械组件、PLC 等，成为各种建筑环境控制的通用器件。DDC 系统利用微信号处理器来执行各种逻辑控制功能，它主要采用电子驱动，但也可用传感器连接气动机构。DDC 系统的最大特点就是从参数的采集、传输到控制等各个环节均采用数字控制功能来实现。同时一个数字控制器可实现多个常规仪器控制器的功能，可有多个不同对象的控制回路。

2. 工作原理

所有的控制逻辑均由微信号处理器，并以各控制器为基础完成。这些控制器接收传

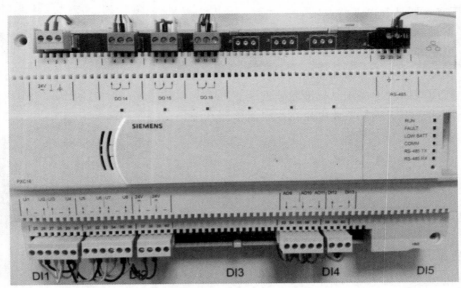

图 4-7　DDC

器，常用其他仪器传送来的输入信号，并根据软件程序处理这些信号，再输出信号到外部设备。这些信号可用于启动或关闭机器，打开或关闭阀门或风门，或按程序执行复杂的动作。这些控制器可用手操作中央控制系统或终端系统。

DDC 是整个控制系统的核心，是系统实现控制功能的关键部件。它的工作过程是控制器通过模拟量输入通道（AI）和数字量输入通道（DI）采集实时数据，并将模拟量信号转变成计算机可接收的数字信号（A-D 转换），然后按照一定的控制规律进行运算，最后发出控制信号，并将数字量信号转变成模拟量信号（D-A 转换），并通过模拟量输出通道（AO）和数字量输出通道（DO）直接控制设备的运行。

3. 功能

DDC 的软件通常包括基础软件、自检软件和应用软件三大块。其中基础软件是作为固定程序固化在模块中的通用软件，通常由 DDC 生产厂家直接写在微处理器芯片上，不需要也不可能由其他人员进行修改。设置自检软件的目的在于保证 DDC 的正常运行，检测其运行故障，同时也可便于管理人员维修。应用软件是针对各个空调设备的控制内容而编写的，因此这部分软件可根据管理人员的需要进行一定程度的修改。

应用软件通常包括以下几个主要功能：

1）控制功能：提供模拟 P、PI、PID 的控制特性，有的还具备自动适应控制的功能。

2）实时功能：使计算机内的时间永远与实际标准时间一致。

3）管理功能：可对各个空调设备的控制参数以及运行状态进行再设定，同时还具备显示和监测功能，另外与集中控制计算机可进行各种相关的通信。

4）报警联锁功能：在接到报警信号后可根据已设置程序联锁有关设备的起停，同时向集中控制计算机发出警报。

5）能量管理功能：包括运行控制（自动或编程设定空调设备在工作日和节假日的起停时间和运行台数）、能耗记录（记录瞬时和累积能耗以及空调设备的运行时间）、焓值控制（比较室内外空气焓值来控制新回风比和进行工况转换）。

—— 104 ——

4. 网络结构

DDC 系统常采用的网络结构有两种，即 Bus 总线结构和环流网络结构。其中 Bus 总线结构是所有 DDC 均通过一条 Bus 总线与集中控制计算机相连，它的最大优点就是系统简单、通信速度较快，对一些中、小型工程较为适用；但在大型工程时就会导致布线复杂。对于环流网络结构，它是利用两根总线形成一个环路，每一个环路可带数个 DDC，多个环路之间通过环路接口相连，这种系统的最大优点就是扩充能力较强。图 4-8 所示为 DDC 组建的控制系统示例。

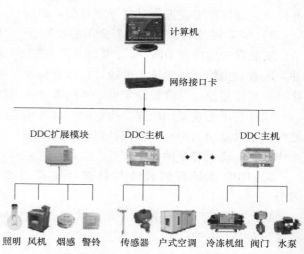

图 4-8　DDC 组建的控制系统示例

5. 应用

1）DDC 适用的建筑。

DDC 系统可适用于现在大多数的建筑，包括办公大楼、学校、医院、宾馆以及工业建筑。

2）DDC 系统可用于建筑改造。

大多数建筑可用 DDC 系统进行改造，通常高效率地改造和提高控制系统应在改进和整修机械系统时进行。有时也可能由于原控制系统已陈旧废弃或由于客户舒适性要求的影响等而改造控制系统，多数场合，旧系统中部分设备可被重新使用并发挥更高的效率，最新的 DDC 系统允许只改造一个系统而不必安装中心控制室，各个系统可独自操作，直至将末端设备联网至工作或安装中心控制室，具有高度的设计和改造灵活性。

3）DDC 系统适合于大部分机械系统。

典型的有变风量系统（VAV）、热泵、风机盘管、新风机组空调箱、空气处理系统、通风机系统和建筑中心机械设备及附加设备。DDC 系统可以为其提供安全保护、使用寿命保护、显示、指示灯等信号。

4）DDC 系统可用于多种建筑间的联网。

中心控制室可通过 ADSL 利用宽带网络调节控制多栋大楼，中心计算机可接收到远距离往来的各种警报、信号，并在中心控制室操作而在各处完成各种必要功能。

相距不远的几栋大楼可通过以太网络联网，操作终端可置于其中一栋建筑，它的操作信号可传送至网络的其他终端，这对于办公大楼群和学校还是十分理想的。

5）DDC 系统可提供过往使用记录。

安装在各区域（房间）的传感器可由客户调节改变该区域内设定点，当设定变化时，空气处理系统或部分机械系统相应动作，该系统还可提供每月各客户的操作记录清单。

6）DDC 系统能协助顾问工程师。

顾问工程师可很大地受益于 DDC 系统。以大楼建造开始，工程师办公室就可通过电话线了解到大楼的许多情况，他可按控制系统提供的情况对有关机器进行检修而不必走出办公室，这样在工程进行时就可节省很多费用。

7）DDC 系统对服务和管理公司的益处。

安装在大楼内的 DDC 系统可以及时监控大楼的操作，对出现的问题迅速做出反应，并采取有效措施，该系统还可通过远程电信设备联系，并从大楼接收信号，大楼的实际操作可由远处监控，并改变设定点、时间表，甚至控制软件。

这样在不是重要问题或要改进时，就可节省昂贵的费用了。当维修人员需要前往时，他也可通过联网预测故障原因，以便到达现场后就有了解决问题的方法，这样可大大提高工作效率，降低客户的不满意度。

8）DDC 系统控制设备与机械系统设备的差异。

DDC 系统可及时控制和显示正常装备的各种设备，包括指示灯、环境喷头、门锁等。将这些设备接于 DDC 系统中，可为使用者提供改变时间表的方便方法。

6. DDC 的主要优点

DDC 的优点很多，主要优点如图 4-9 所示。

图 4-9　DDC 的主要优点

※资源准备※

硬件资源：供配电监测系统主要硬件设备及其说明书，见表 4-1。

表 4-1　硬件资源

序号	分类	名称	型号规格	数量	单位
1	供配电监测系统相关设备	电流变送器	GAAJ3-062	1	个
2		电压变送器	GAVJ4-062	1	个
3		有功功率变送器	GAPJ4-062	1	个
4		功率因数变送器	GACOSJ4-062	1	个
5		直接数字控制器（DDC）	PXC24 SIEMENS DDC	1	个

※任务实施※

任务实施步骤见表 4-2。

表 4-2　任务实施步骤

序号	步骤	具体内容	说　　明
1	认识电流变送器	了解相关参数、安装说明、使用说明、维护保养说明	型号：GAAJ3-062； 输入：AC 0~10A； 输出：DC 4~20mA； 工作电源：AC 220V； 精度：0.2 级； 响应时间：≤350ms； 过载输入：电流 2 倍连续 20 倍 1s

项目四

序号	步骤	具体内容	说　明
2	认识电压变送器	了解相关参数、安装说明、使用说明、维护保养说明	型号:GAVJ4-062; 输入:AC 0~400V; 输出:DC 4~20mA; 工作电源:AC 220V; 精度:0.2级; 响应时间:≤350ms; 过载输入:电流2倍连续20倍1s
3	认识有功功率变送器	了解相关参数、安装说明、使用说明、维护保养说明	型号:GAPJ4-062; 输入:AC 10A/380V; 输出:DC 4~20mA; 工作电源:AC 220V; 精度:0.2级; 响应时间:≤350ms; 过载输入:电流2倍连续20倍1s
4	认识功率因数变送器	了解相关参数、安装说明、使用说明、维护保养说明	型号:GACOSJ4-062; 输入:AC 10A/380V; 输出:DC 4~12~20mA; 工作电源:AC 220V; 测量范围:0.5(C)~1~0.5(L); 精度:0.2级; 响应时间:≤350ms; 过载输入:电流2倍连续20倍1s
5	认识直接数字控制器	了解相关参数、安装说明、使用说明、维护保养说明	型号:PXC24; 处理器:Motorola Power PC MPC852T; 工作频率:100MHz; 内存容量:16MB RAM/8MB Flash(总共24MB); 电池维持RAM中的数据:AA碱性电池——普通型控制器(一般2个月);3.6V锂电池——室外型控制器(一般3个月); 模拟/数字信号分辨率:(模拟输入)16位; 数字/模拟信号分辨率:(模拟输出)10位; 模拟量输出:0~10V; 数字量输入:干接点,二进制; 数字量输出:Class 1继电器; 通用输入:0~10V,4~20mA,Nickel 1000,1kΩ RTD,10kΩ Thermistor,100kΩ Thermistor,干接点输入或脉冲计数(20Hz); 通用输入/输出输入:0~10V,4~20mA,Nickel 1000,1kΩ RTD,10kΩ Thermistor,100kΩ Thermistor,干接点输入或脉冲计数(20Hz); 输出:0~10V; 通信接口:RS 232端口; 网络通信速率RS485 BLN:300bit/s~115.2kbit/s; 电源:AC 20~30V,50/60Hz,±5%

※任务检测※

任务检测内容见表4-3。

表 4-3　任务检测内容

序号	检测内容	检测标准
1	认识 DDC 主机	能够准确说出 DDC 主机的特点、各项参数、使用及维护事项
2	认识有功功率变送器	能够准确说出有功功率变送器的特点、各项参数、使用及维护事项
3	认识功率因数变送器	能够准确说出功率因数变送器的特点、各项参数、使用及维护事项
4	认识电压变送器	能够准确说出电压变送器的特点、各项参数、使用及维护事项
5	认识电流变送器	能够准确说出电流变送器的特点、各项参数、使用及维护事项

※知识扩展※

新型变送器

英国出现了一种适合于安装在 240V·600A 变电站主线上的电流传感器，这种传感器对变电站的电力输出进行监控，可以减少地方电网故障所造成的停电时间。电流传感器可以对供电电缆进行电流监控，若是电缆出现超负荷，这些电流传感器可将一部分负荷转移到其他相中，或者是新敷设的电缆中，保护电缆的安全使用和运行。

随着智能电网的不断发展和升级，信瑞达电力设备系列的电流传感器也在技术、设计和效用等方面不断进行改进和完善，对冶金、化工等行业的电流测流具有重大作用。

基于智能电网的光纤电流传感器，新型光纤电流传感器就是智能电网快速发展的科技产物。我国推出了 XDGDL-1 光纤电流传感系统，实现了管线电流传感系统的全数字闭环控制，具有稳定性和线性度好、灵敏度高等特点，满足了大量程范围的高精度测量要求。

同时，该系统开发了一种可现场绕制的伸缩结构，安装方便，可避免杂散磁场的干扰，母线偏心的测量误差小于±0.1%，实现了一种高精度信号转换方案，为整流器控制设备提供高精度模拟信号和标准数字通信接口。

工业升级发展正在促进电流传感器改进，在我国工业发展升级的驱动下，电力设备的安全性使用越来越受到重视。电流传感器作为一个兼具保护性和监控作用的工具，将会在未来的电网中起到更重要的意义。相比国外同类产品，国内的电流传感器技术还有很大的差距需要弥补和提高。

国内也逐渐涌现出很多新型产业，都需要传感器的支持，无论是出于安全性考虑还是市场效益考虑，电流传感器将会趋于更加高效可靠，在低碳环保的要求下，小型化也是未来的一大趋势，这也将促进国内传感器厂商投入更多的经历开发新技术和新产品。在不久的将来，电流传感器将会在更多行业得到广泛应用，同时将为新兴物联网打下基础。

任务二　供配电监测系统设备的安装

※任务描述※

在任务一中，我们已经对监测系统设备有了一个比较全面的了解，本任务将在任务一的基础上，结合接线图完成供配电监测系统设备的安装、接线及调试。

※相关知识※

一、系统说明

1. 简介

系统采用分散分布式开放结构，本着分散控制、集中监视的原则，按间隔划分、单元化设计、分布式处理，实现对整个配电系统全面监控的目的。配电方式分为手动配电与计算机远程配电两种，本系统没有优先等级。

通过界面可以监视整个配电系统的各个电量参数，并利用其上的"启动/停止"按钮，给不同的区域进行配电。例如，按下1#区域的"启动"按钮，1#配电区域的自动控制接触器吸合，电柜面板与监控界面上的1#区域通电指示灯变亮，表示1#区域已经通电。在监视界面上可以监视1#配电区域的电量参数。

在计算机没有开启或没有启动监控软件的情况下，可以在手动配电模式下对系统配电。电柜前面板上有2个手动按钮、5个通电指示灯、3个电流表和1个电压表。系统通电后，3个相电源指示灯点亮。手动配电模式下，按下相应区域配电按钮，其相应的手动配电接触器吸合，通电指示灯点亮，表示该区域已通电。断开配电按钮，相应区域断电，通电指示灯熄灭。

手动配电的情况下，监视界面区域上的"启动/停止"按钮无效。自动配电的情况下，配电箱区域上的"启动/停止"按钮无效。

2. 系统功能

本系统通过管理中心计算机对低压配电柜进行实时监测，低压配电柜模拟楼宇配电模式，分两区供电。

管理中心计算机对整个监控系统提供友好的人机界面，对低压配电系统的三相电流值、三相相电压值、三相线电压值、有功功率和功率因数等电网参数数值进行监测。

整个系统采用分层分布式开放结构，本着分散控制、集中监视的原则，按间隔划分、单元化设计、分布式处理，实现对低压配电系统全面控制的目的。

3. 系统组成

（1）管理中心计算机　管理中心计算机装有 Insight 软件，操作人员根据配电系统编制监控界面，通过与下位机（DDC）进行数据交换，可以对整个配电电网的运行情况进行监视和控制。

（2）下位机　下位机采用（SIEMENS DDC）　DDC 采集电量变送模块传过来的 4～20mA 电流信号，进行数据运算，再传给管理中心计算机。

（3）电量模块　分为三相电压变送模块、三相电流变送模块、三相功率变送模块及三相功率因数变送模块等，实时测量电网的参数。

（4）低压配电柜　模拟智能楼宇两个区域的供电，配电柜内装有断路器、接触器等电气元器件。主要元件均来自国外知名厂商，安全可靠。采用分开管理的原则设计，通过手动装置，可切换本配电系统的控制方式。转换开关的"1档"为手动方式，该档打下后 DDC 不工作；转换开关"2档"为远程监控档，打下后可以通过计算机进行远程监控，同时屏蔽配电箱上的手动控制按钮，手/自动档可以实现不同控制方式的区域配电。

4. 系统结构

供配电监测系统结构图如图 4-10 所示。

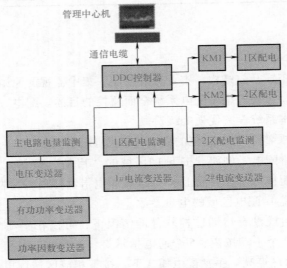

图 4-10　供配电监测系统结构图

二、主体配置

供配电监测系统主体配置见表 4-4。

表 4-4　供配电监测系统主体配置

序号	名称	单位	数量	备注
1	电流变送器	个	2	GAAJ3-062
2	电压变送器	个	1	GAVJ4-062
3	有功功率变送器	个	1	GAPJ4-062
4	功率因数变送器	个	1	GACOSJ4-062
5	DDC 主机	台	1	PXC24
6	低压断路器	个	1	25A3P+N
7	剩余电流断路器	个	2	10A3P+N
8	单相断路器	个	1	5A1P+N
9	交流接触器	个	2	
10	指示灯	个	5	
11	电表	个	4	3个电流表，1个电压表
12	电流互感器	个	3	
13	计算机	台	1	Insight 编程软件
14	DDC 编程线 RS 232/RS 485	条	1	
15	配电柜	个	2	700mm×600mm×200mm、500mm×400mm×150mm

三、箱内外元器件布局图

箱内外元器件布局图如图 4-11 所示。

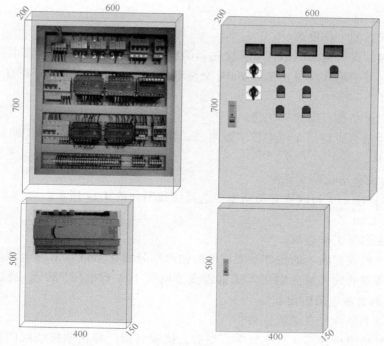

图 4-11　箱内外元器件布局图（单位：mm）

四、主要元器件接线及检测方法

1. 三相交流电流变送器

（1）接线方法　三相交流电流变送器接线图如图 4-12 所示。

（2）检测方法

1）接通变送器工作电源。

2）在变送器没有输入的条件下，变送器的输出端分别有 4mA 的直流电流输出。

3）在变送器的输入端分别接入 10A 交流电流，变送器的输出端分别有 20mA 的直流电流输出。

4）满足以上条件，变送器正常。

5）检测时请至少使用 4 位半数字万用表，接线时请严格按照接线说明操作，否则会造成变送器损坏。

2. 三相四线交流电压变送器

（1）接线方法　三相四线交流电压变送器接线图如图 4-13 所示。

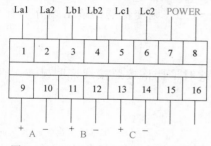

图 4-12　三相交流电流变送器接线图

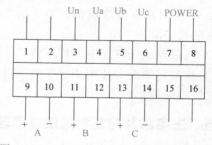

图 4-13　三相四线交流电压变送器接线图

项目四

（2）检测方法

1）接通变送器工作电源。

2）在变送器没有输入的条件下，变送器的输出端分别有 4mA 的直流电流输出。

3）在变送器的输入端分别接入 400V 交流电压，变送器的输出端分别有 20mA 的直流电流输出。

4）满足以上条件，变送器正常。

5）检测时请至少使用 4 位半数字万用表，接线时请严格按照接线说明操作，否则会造成变送器损坏。

3. 三相四线有功功率变送器

（1）接线方法　三相四线有功功率变送器接线图如图 4-14 所示。

（2）检测方法

1）接通变送器工作电源。

2）在变送器没有输入的条件下变送器的输出端分别有 4mA 的直流电流输出。

3）在变送器的输入端分别接入满量程交流电流 10A 和电压 380V，变送器的输出端分别有 20mA 的直流电流输出。

4）满足以上条件，变送器正常。

5）检测时请至少使用 4 位半数字万用表，接线时请严格按照接线说明操作，否则会造成变送器损坏。

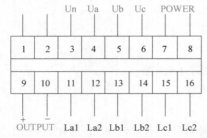

图 4-14　三相四线有功功率变送器接线图

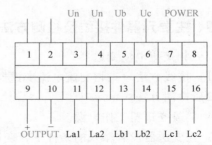

图 4-15　三相四线功率因数变送器接线图

4. 三相四线功率因数变送器

（1）接线方法　三相四线功率因数变送器接线图如图 4-15 所示。

（2）检测方法

1）接通变送器工作电源。

2）在变送器的输入端分别接入满量程交流电流 10A 和电压 380V，如果 $\cos\varphi = 1$，则变送器的输出端有 12mA 的直流电流输出，如果功率因数 $\cos\varphi = -0.5$，则变送器的输出端分别有 4mA 的直流电流输出，如果功率因数 $\cos\varphi = 0.5$，则变送器的输出端分别有 20mA 的直流电流输出。

3）满足以上条件，变送器正常。

4）检测时请至少使用 4 位半数字万用表，接线时请严格按照接线说明操作，否则会造成变送器损坏。

五、主电路及控制电路接线原理图

主电路接线图如图 4-16 所示，控制电路接线图如图 4-17 所示。

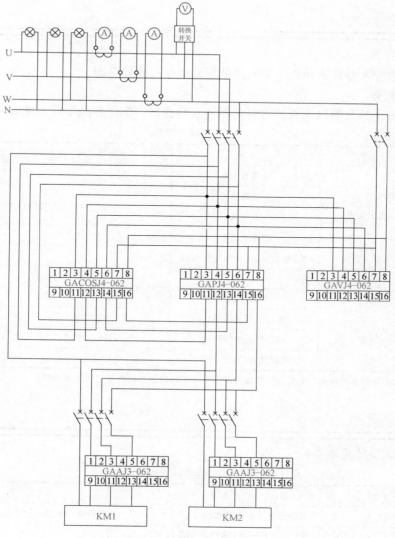

图 4-16 主电路接线图

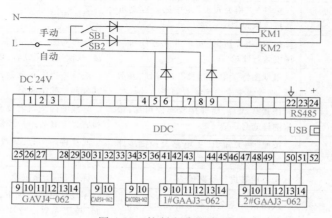

图 4-17 控制电路接线图

※资源准备※

1. 软件资源

包括箱内外元器件布局图、主电路及控制电路接线原理图。

2. 硬件资源

包括安装工具及测试仪表、主要元器件、行线槽、配件和线缆等，见表4-5。

表 4-5　硬件资源

序号	分类	名称	型号规格	数量	单位
1	安装工具及测试仪表	常用电工箱		1	个
2		验电笔		1	支
3		万用表		1	个
4		绝缘电阻表		1	个
5	主要元器件	见"相关知识"主体配置部分		1	批
6	行线槽	行线槽		1	批
7	配件	绝缘胶带		1	卷
8	线缆	铜芯塑料绝缘导线	$4mm^2$	1	捆
9		铜芯塑料绝缘导线	$2.5mm^2$	1	捆
10		铜芯塑料绝缘导线	$1.5mm^2$	1	捆

注：常用电工箱包含钢丝钳、卷尺、一字螺钉旋具、十字螺钉旋具、电工刀和剥线钳等。

※任务实施※

任务实施步骤见表4-6。

表 4-6　任务实施步骤

序号	步骤	具体内容	说　明
1	识读图样	识读元器件布局图和原理图	对图样有一个清晰的了解
2	安装元器件	按照"相关知识"箱内外元器件布局图安装好元器件	与布局图一致
3	对元器件进行标号	标号与"相关知识"主电路及控制电路接线原理图中一致	与原理图一致
4	安装行线槽	按照"相关知识"箱内外元器件布局图安装行线槽	与布局图一致，注意线槽连接处应无缝连接，线槽安装完成后，必须盖好线槽盖板
5	量线、剪线、剥线	根据图样量取适当长度的导线，并剪断，将导线末端的绝缘层剥去	应该适当留有余量，剥线时避免破坏导线其他部位的绝缘层
6	压接接线耳、套号码管	压接接线耳，确保接线牢固可靠，根据图样套号码管	导线的两端均需要套上号码管，以便线路检查以及日后维护维修
7	线路敷设及连接	按照"相关知识"主电路及控制电路接线原理图进行接线	与原理图一致，导线接头必须压接绝缘端子，且导线必须编号
8	线路检查	用万用表进行线路检查	无短路、断路故障
9	通电测试	线路检查完全正常的情况下通电，分别测试手动、自动两种模式	手动配电的情况下，监视界面的"启动/停止"按钮无效。自动配电的情况下，配电箱上的"启动/停止"按钮无效

1. 电流变送器的安装注意事项

在使用时要安装在现场设备的动力线上，系统是在环境较为恶劣的工业现场长期使用，因此需考虑硬件系统工作的安全性和可靠性，根据需要还可将模拟量变换为数字量。传感器和变送器一同构成自动控制的监测信号源。不同的物理量需要不同的传感器和相应的变送器。

电流变送器的模块实现了无源交流隔离传感器信号变换为两根连接线路发送的呈线性比例的环路电流，二线制变送器是辅助工作电源的+24V端接变送器正端，电源负端通过采样电阻或电流表接变送器的负端；模拟地与数字地相互分开，这样可提高系统工作的安全性；不易受寄生热电偶和沿电线电阻压降及温标的影响，可用非常便宜的更细的导线。

1）注意产品标签上的辅助电源信息，变送器的辅助电源等级和极性不可接错，否则将损坏变送器。

2）变送器为一体化结构，不可拆卸，同时应避免碰撞和跌落。

3）变送器在有强磁干扰的环境中使用时，请注意输入线的屏蔽，输出信号应尽可能短。集中安装时，最小安装间隔不应小于10mm。

4）变送器内部未设置防雷击电路，当变送器输入、输出馈线暴露于室外恶劣气候环境之中时，应注意采取防雷措施。

5）采用阻燃ABS塑料外壳封装，外壳极限耐受温度为+85℃，受到高温烘烤时会发生变形，影响产品性能。产品请勿在热源附近使用或保存，请勿把产品放进高温箱内烘烤。

6）请勿损坏或者修改产品的标签、标志，请勿拆卸或改装变送器，否则会影响厂家对该产品提供"三包"（包换、包退、包修）服务。

2. 电压变送器的安装注意事项

1）输入、输出、辅助电源接线必须正确，不能错位。

2）使用环境应无导电尘埃和无腐蚀金属及破坏绝缘的气体存在，海拔小于2500m。

3）产品出厂时已调校好零点和精度，请勿随意调整。

3. 功率因数变送器的安装

安装方式：DIN（35mm）导轨安装及M4螺钉固定。

4. 直接数字控制器的安装

（1）分站直接数字控制器的安装位置

1）控制器的准确安装位置，应根据设计施工图所示确定。

2）控制器应安装在被监控设备较集中的场所，以尽量减少管线敷设。一般设置在电控箱或电控柜内，其内部设备的布置应整齐美观，强弱电系统分开以保证系统安全，且便于检修。

3）现场控制器应安装在光线充足、通风良好、操作维修方便的地方。

（2）控制器安装的要求

1）控制器的安装应垂直、平正、牢固。

2）控制器安装的垂直度允许偏差为3mm；箱的高度大于1.2m时，垂直度允许偏差为4mm。

3）控制器安装水平的倾斜度允许偏差为3mm。

※任务检测※

任务检测内容见表 4-7 。

表 4-7　任务检测内容

序号	检测内容	检测标准
1	元器件选择	元器件选择正确
2	元器件安装位置	元器件安装位置正确、端正,便于观察、检测
3	元器件固定	元器件及其附件安装牢固可靠
4	元器件接线	线头接线完整;接线正确、牢固;配线符合工艺要求
5	元器件标号	字体应端正,字迹应清晰,内容符合图样要求;粘贴部位应醒目,不应被导线或者元器件、金属构件挡住,并能清楚地指明是属于某一元件的
6	接地	元器件的金属外壳必须可靠接地

学习单元三

供配电监测系统的运行与维护

※单元描述※

　　任何设备都有其设计使用寿命，正确地使用和维护，不仅是供配电监测系统正常运行的关键，还能够减少设备的损坏，延长其使用时间，增加经济效益。

※单元目标※

知识目标：

（1）了解供配电监测系统的运行。

（2）了解供配电检测系统的维护项目。

能力目标：

（1）掌握倒闸操作。

（2）掌握 Insight 监测软件的使用。

（3）掌握供配电监测系统日常维护的方法及步骤。

素养目标：

（1）在倒闸的操作过程中，培养安全意识。

（2）在供配电监测系统的日常维护中，养成良好的职业素养。

项目五
供配电监测系统的运行

※项目描述※

供配电监测系统负责对于整个供配电系统运行的监测，是供配电系统正常运行的保证，为维护维修人员工作提供了必要的依据，是电能质量分析的基础，所以，供配电监测系统的正常运行对于整个供配电系统显得尤为重要。

※项目分析※

本项目包括"供配电监测系统设备的操作"和"监测数据的汇总分析"两个任务，见图5-1。"供配电监测系统设备的操作"任务主要阐述倒闸操作；工作任务"监测数据的汇总分析"主要讲述监测软件的使用及电能质量的分析。

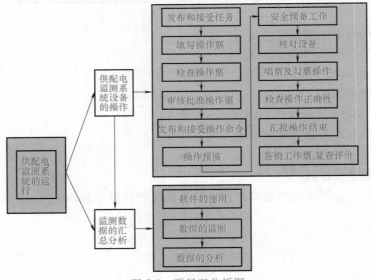

图 5-1 项目五分析图

任务一 供配电监测系统设备的操作

※任务描述※

在变配电所运行的电气设备，常会遇到检修、试验、消除设备缺陷的工作，这就需要改变设备的运行状态或系统的运行方式。电气设备分为运行、备用（冷备用和热备用）、检修三种状态。通过操作隔离开关、断路器以及接地线将电气设备从一种状态转换为另一种状态或是系统改变运行方式，这一过程叫作倒闸。这种操作称为倒闸操作。在这个任务中，我们将对倒闸操作的相关知识做一个全面的学习。

※相关知识※

倒闸操作主要是拉开或合上某些断路器和隔离开关，拉开或合上某些直流操作回路，切除或投入某些继电器保护装置和自动装置或改变其整定值，拆除或装设临时接地线及检查设备的绝缘等。电气倒闸操作既重要又复杂，极易发生误动作，危及人身、设备安全，必须采取有效措施加以防护，这些措施包括组织和技术两个方面。倒闸操作必须执行操作票制和工作监护制。

1. 电气设备的几种状态

1）运行状态，指某回路中的高压隔离开关和高压断路器（或刀开关及低压断路器）均处于合闸位置，电源至受电端的电路得以接通，且控制电源、继电保护及自动装置正常投入的状态。

2）检修状态，指某回路中的高压隔离开关和高压断路器（或刀开关及低压断路器）均处于断开位置，同时按保证安全的技术措施的要求安装了临时接地线，并悬挂"有人工作、禁止合闸"标示牌和装好临时遮栏，处于停电检修的状态。

3）热备用状态，指某回路中的高压断路器（或低压断路器）已断开，而高压隔离开关（或刀开关）仍处于合闸位置，设备继电保护及自动装置满足带电要求的状态。此时设备已经具备运行条件，经一次合闸操作即可转为运行状态。

4）冷备用状态，指某回路中的高压断路器及高压隔离开关（或低压断路器及刀开关）均已断开，且设备各侧均没有采取安全措施。

2. 倒闸操作的原则

1）拉合刀开关时，开关必须断开（母线除外，但母联开关必须处于合闸状态并取下其控制保险），合闸能源为电磁机构的开关还应将合闸的动力保险取下。

2）设备送电前必须将有关保护启用，没有保护或不能电动跳闸的开关不准送电。

3）开关不允许带电手动合闸，但在特殊情况下，弹簧操作机构的开关当其能量储备好时允许带电手动合闸。

4）运行中的小车开关不允许带机械闭锁手动分闸。

5）在操作过程中，发现误合刀开关时，不得将误合的刀开关再拉开，只有弄清情况并采取了可靠的安全措施后，才允许将误合的刀开关拉开。

6）在操作过程中，发现误拉刀开关时，不得将误拉的刀开关重新合上。只有用手动蜗轮传动的刀开关，在动触头未离开静触头刀刃之前才允许将误拉的刀开关立即合上，不再操作。

7）对于有位置指示器的刀开关，在相应开关合闸前要检查切换继电器励磁。

3. 倒闸操作的规定

1）倒闸操作必须根据值班调度员或电气负责人的命令，受令人复诵无误后执行。

2）发布命令应准确、清晰，使用正规操作术语和设备双重名称，即设备名称和编号。

3）发令人使用电话发布命令前，应先和受令人互通姓名，发布和听取命令的全过程，都要录音并做好记录。

4）倒闸操作由操作人填写操作票。

5）单人值班，操作票由发令人用电话向值班员传达，值班员应根据传达填写操作票，复诵无误，并在监护人签名处填入发令人姓名。

6）每张操作票只能填写一个操作任务。

7）倒闸操作必须由两人执行，其中一人对设备较为熟悉者作监护，监护人的安全技术等级应高于操作人，受令人复诵无误后执行；单人值班的变电所倒闸操作可由一人进行。

8）开始操作前，应根据操作票的顺序先在操作模拟板上进行核对性操作。

设备送电前，必须终结全部工作票，拆除一切与检修工作有关的安全措施，恢复固定遮栏及常设警告牌，对设备各连接回路进行全面检查，摇测设备绝缘电阻合格，检查是否符合送电条件。

9）操作前，应先核对设备的名称、编号和位置，并检查断路器、隔离开关、刀开关的通断位置与工作票所写的是否相符。

10）操作中，应认真执行复诵制、监护制，发布操作命令和复诵操作命令都应严肃认真，声音洪亮、清晰，必须按操作票填写的顺序逐项操作，每操作完一项应由监护人检查无误后在操作票项目前打"√"；全部操作完毕后再核查一遍。

11）操作中发生疑问时，应立即停止操作并向值班调度员或电气负责人报告，弄清楚问题后再进行操作，不准擅自更改操作票。

12）操作人员与带电导体应保持足够的安全距离，同时应穿长袖衣服和长裤。

13）用绝缘棒拉、合高压隔离开关及跌落式开关或经传动机构拉、合高压断路器及高压隔离开关时，均应戴绝缘手套；操作室外设备时，还应穿绝缘靴。雷电时禁止进行倒闸操作。

14）装卸高压熔丝管时，必要时使用绝缘夹钳或绝缘杆，应戴护目镜和绝缘手套，并应站在绝缘垫（台）上。

15）雨天操作室外高压设备时，绝缘棒应带有防雨罩，还应穿绝缘靴。

16）变、配电所（室）的值班员，应熟悉电气设备调度范围的划分；凡属供电局调度的设备，均应按调度员的操作命令方可进行操作。

17）不受供电局调度的双电源（包括自发电）用电单位，严禁并路倒闸（倒闸时应先停常用电源，检查并确认在开位，后送备用电源）。

18）在发生人身触电事故时，可以不经许可即行断开有关设备的电源，但事后必须立即报告上级。

4. 倒闸操作的要求

1）倒闸操作必须严格按规范化倒闸操作的要求进行。

2）操作中不得造成事故。万一发生事故，影响的范围应尽量小。若发生触电事故，为了解救触电人，可以不经许可即行断开有关设备的电源，但事后应立即报告调度和上级部门。

3）尽量不影响或少影响对用户的供电和系统的正常运行。

4）交接班时，应避免进行操作。雷电时，一般不进行操作，禁止就地进行操作。

5）操作中一定要按规定使用合格的安全用具（验电笔、绝缘棒、绝缘夹钳），应穿工作服、绝缘鞋（雨天穿绝缘靴，绝缘棒应有防雨罩），戴安全帽、绝缘手套或使用安全防护用品（护目镜）。

6）操作时操作人员一定要集中精力，严禁闲谈或做与操作无关的事，非参与操作的其他值班人员，应加强监视设备运行情况，做好事故预想，必要时提醒操作人员。操作中，遇有特殊情况，应经值班调度员或站长批准，方能使用解锁工具（钥匙）。

5. 倒闸操作的注意事项

1）倒闸操作前，必须了解系统的运行方式、继电保护、自动装置等情况，并应考虑电源及负荷的合理分布以及系统运行的调整情况。

2）在电气设备送电前，必须收回并检查有关工作票，拆除安全措施，然后测量绝缘电阻。

3）在倒闸操作前应考虑继电保护及自动装置整定值的调整，以适应新的运行方式的需要，防止因继电保护及自动装置误动作或振动而造成事故。

4）备用电源自投装置、重合闸装置、自动励磁装置必须在所属主设备停运前退出运行，在所属主设备送电后投入运行。

5）在进行电源切换或电源设备到母线时，必须先将备用电源投入装置切除，操作结束后再进行调整。

※资源准备※

1. 软件资源
倒闸工作票。

2. 硬件资源
包括供配电设备、倒闸设备。

※任务实施※

任务实施步骤见表5-1。

表5-1 任务实施步骤

序号	步骤	说　明
1	发布和接受任务	调度预发操作任务,值班员接受并复诵无误
2	填写操作票	操作人查对模拟图板,填写操作票
3	操作票的检查	监护人与操作人相互考问和预想
4	审核批准操作票	审票人审票,发现错误应由操作人重新填写
5	发布和接受操作命令	调度正式发布操作指令,并复诵无误
6	操作预演	按操作步骤逐项操作模拟图,核对操作步骤的正确性
7	安全预备工作	准备必要的安全工具、用具、钥匙,并检查绝缘板、绝缘靴、绝缘棒、验电笔等
8	核对设备	监护人逐项唱票,操作人复诵,并核对设备名称与编号相符
9	唱票及勾票操作	监护人确认无误后,发出允许操作的命令"对,执行";操作人正式操作,监护人逐项勾票

序号	步骤	说　　明
10	检查操作的正确性	对操作后的设备进行全面检查
11	汇报操作的结束	向调度汇报操作任务完成并做好记录，盖"已执行"章
12	签销操作票，复查评价	复查、评价、总结经验

※任务检测※

任务检测内容见表 5-2。

表 5-2　任务检测内容

序号	检测内容	检测标准
1	发布和接受任务	倒闸操作必须根据值班调度员或电气负责人的命令，在接受任务时，应该停止其他工作，受令人记录任务内容并复诵无误后执行
2	填写操作票	倒闸操作由操作人填写操作票。单人值班，操作票由发令人用电话向值班员传达，值班员应根据传达填写操作票，复诵无误，并在监护人签名处填入发令人姓名
3	操作票的检查	每张操作票只能填写一个操作任务，且操作票填写正确
4	审核批准操作票	审票人审票，发现错误应由操作人重新填写
5	发布和接受操作命令	调度正式发布操作指令，并复诵无误，发布命令应准确、清晰，使用正规操作术语和设备双重名称，即设备名称和编号
6	操作预演	开始操作前，应根据操作票的顺序先在操作模拟板上进行核对性操作设备送电前，必须终结全部工作票，拆除一切与检修工作有关的安全措施，恢复固定遮栏及常设警告牌，对设备各连接回路进行全面检查，摇测设备绝缘电阻合格，检查是否符合送电条件。 模拟操作后，经核查无误，监护人、操作人双方在操作票上签字后才能执行
7	安全预备工作	操作中一定要按规定使用合格的安全用具（验电笔、绝缘棒、绝缘夹钳），应穿工作服、绝缘鞋（雨天穿绝缘靴，绝缘棒应有防雨罩），戴安全帽、绝缘手套或使用安全防护用品（护目镜）
8	核对设备	操作前，应先核对设备的名称、编号和位置，并检查断路器、隔离开关、刀开关的通断位置与工作票所写的是否相符
9	高声唱票及逐项勾票操作	操作时，应先检查断路器或隔离开关的原来拉、合位，并检查是否与工作票所填写的一致。操作中，应认真执行监护制、复诵制，监护人唱票后，操作人应面对要操作设备的编号复诵，监护人认为正确无误后，发布允许操作命令，然后操作人执行实际操作。 每操作完成一步应检查操作质量，合格后由监护人员在此项操作项目编号前划"√"。操作人员在执行操作票的过程中，发现操作票上填写的内容有错误，应拒绝执行，同时，应立即向调度员或监护人报告，提出不能执行的理由，并指出错误之处，但不可私自涂改。现场监护人得到操作人所提出的不能执行的理由后，应该立即与现场实际情况核对，经检查证明确实有误后，同意操作人重新填写正确的操作票，才能再次进行操作
10	检查操作的正确性	对操作后的设备进行全面检查
11	汇报操作的结束	全面检查无误后，才能汇报操作的结束
12	签销操作票，复查评价	复查、评价、总结经验，为以后的倒闸操作提供经验保障，提高工作效率和操作可靠性

项目五

一、倒闸操作相关术语

1）发令人，指发出操作任务或命令的人员，一般均由调度员发令，有时由电气负责人发令。发布的任务或命令可用书面或口头形式，重要的任务或命令应进行操作并应进行录音。

2）受令人，指接受操作任务或命令的人员，一般均由值班员受令。受令时应严肃、认真，并应对发令人复诵操作任务或命令，同时将操作票的顺序一并复诵。

3）监护人，执行工作监护任务的人员，可由值班长或正值班员担任。

4）操作人，直接进行操作的人员，通常由副值班员担任。

5）下令时间，即以发令人下达操作任务或命令的时间为依据，填写的时间应准确（到"时"、"分"），由受令人填写。

6）操作开始时间，即正式开始进行操作的时间（到"时"、"分"），由监护人填写在操作票上。

7）操作完了（结束）时间，即操作顺序的最后一步完结的时间（到"时"、"分"），亦由监护人负责填写。

8）操作顺序，按操作的正确顺序进行组合后的总顺序依次填写在操作票上。

9）操作项目，指操作顺序每一步的具体内容（包括检查、核对以及其他应进行的工作内容）。

10）拉开，指分断刀开关、隔离开关、负荷开关、断路器、跌开式熔断器等的操作。

11）分闸位置，即高、低压电器分断操作后，该设备应处于的一种断路状态。

12）合上，指闭合刀开关、隔离开关、负荷开关、断路器、跌开式熔断器等的操作。

13）合闸位置，即高、低压电器闭合操作后，该设备应处于的一种接通状态。

14）停用，指继电保护装置或变压器退出运行。操作票中的停用一词常专用于"重合闸装置"等。

15）投入，与"停用"一词相对应，指继电保护装置或变压器投入运行（如"重合闸装置"，过电流、速断保护）。

16）报数，即数字的读法。下面列出数字的读音（括号内为读音的含义），一般在操作时发令和复诵命令都应采用该读音。通常将 0~9 读为：零（0）、幺（一）、二（二）、三（三）、四（四）、五（五）、六（六）、拐（七）、八（八）、九（九）。

17）取下，特指熔断器熔丝管摘取下来的操作。也可称此项为"摘下"或"拿下"。

18）装上，特指熔断器熔丝管装于熔断器的操作。也可称此项为"挂上"或"放上"。

19）断开，常用于"掉闸压板"和"接线端子"等元件，在操作中需要切断某元件二次回路时，则将该元件断开即可。

20）接通，与"断开"一词含义相反。

二、倒闸操作工作票

在全部停电或部分停电的电气设备上工作，必须执行操作票制度。该制度是保证人身安全和操作正确的重要保证。

（1）操作票上的内容　填写操作票的日期、操作票编号、发令人、受令人、发令时间、操作开始时间、操作结束时间、操作任务、操作顺序、操作项目、操作人、监护人及备注等。

（2）填写操作票的具体要求

1）变配电所的倒闸操作均应填写操作票。

2）填写操作票必须以命令或许可作为依据，命令的形式有书面命令和口头命令。书面命令——工作票；口头命令——可由电气负责人亲自向值班员当面下达，也可以以电话通信方式下达（需录音）；受令人必须将接收的口头命令复诵，确认无误后，将受令时间填入值班记录本；操作票由值班员填写。

3）操作票应用钢笔或圆珠笔填写，票面应清楚整洁，不得任意涂改，按操作顺序填写，禁止使用铅笔或红色笔填写。

4）操作票应先编号，按照编号顺序使用，未编号的不准使用，不能颠倒。

5）操作票应由操作人员填写，每张操作票只能填写一项操作任务，每一步操作填写一行。当一页操作票不能满足填写一个操作任务时，可以在当页操作票最下面一行填写"下接×××号操作票字样"。

6）填写操作票时，应在最后一步操作项目下面的空格内加盖字样为"以下空白"的章。

7）已操作过的操作票应注明"已执行"，对已执行的操作票，保存期限至少为3个月。填写错误作废的或未执行的要盖"作废"章，并注明原因。

（3）填写操作票的主要项目

1）拉合开关。

2）拉合开关后的检查。

3）拉合刀开关。

4）拉合刀开关后的检查。

5）挂拆地线前进行验电。

6）挂拆接地线。

7）装取熔断器。

8）检查电源、电压等。

（4）操作票填写时应检查的项目内容

1）按技术要求中的操作顺序逐项填写清楚，如：拉开×××，合上×××。

2）应检查临时接地线是否拆除，如：拆除×××处的接地线。

3）若停电，则应检查需要悬挂临时接地线的设备或线路确无电压。

4）某一回路送电前，先检查所有高压断路器（或低压断路器）确在断开位置。如：检查×××确在断开位置。

5）拉开的高压断路器、高压隔离开关、低压断路器、刀开关，应检查实际的断开位置。如：检查×××确在断开位置。

6）合上的高压断路器、高压隔离开关、低压断路器、刀开关，应检查确实的合闸位置。如：检查×××确在合闸位置。

7）在并列、解列、合环、解环操作时，检查负荷分配情况。

8）电压互感器的隔离开关合闸后，应检查电压指示正确。

9）取下或装上某控制回路及电压互感器一、二次侧熔断器，亦需填入操作票。

10）停用或投入继电保护装置以及改变整定值时，应将其内容填入操作票。

11）不需要操作票的操作项目，事故处理、拉合开关的单一操作，拉开接地刀开关或拆除全变电所仅有的一组接地线。

12）操作中发生疑问时，应立即停止操作，并向值班调度员或电气负责人报告，弄清楚后再进行操作，不准擅自更改操作票。

13）倒闸操作票见表5-3。

表 5-3　某线路倒闸操作票

发令人		受令人		发令时间			
操作开始时间　年　月　日　时　分				操作结束时间　年　月　日　时　分			
操作任务							
√	操作顺序	操作项目					
备注							
操作人				监护人			

任务二　监测数据的汇总分析

※任务描述※

在学习单元二中，我们已经完成了一个供配电监测系统的安装，本任务将以通过软件获取功率因数为例，介绍如何通过软件完成对该供配电监测系统数据的监测。通过数据的监测及计算分析，为改善电能质量、确保电力系统正常有序工作提供保障。

※相关知识※

一、数据监测软件的使用

1. 创建点

（1）点编辑器的概念　点编辑器是 Insight 的一种应用。点编辑器能将点信息输入 Insight，这样 Insight 就能监控并且控制与点相连的设备。通过点编辑器，可以打开现有点，创建新点，复制点，修改/删除点和创建点报警管理。

（2）点的创建　在利用 Point Editor（点编辑器）增加一个点时，必须指定有关该点的特性资料，包括点的类型、名称、说明、地址和报警特性等。在创建点的操作过程中，必须首先对点的特性进行定义，然后将它们保存在 Insight 和现场控制面板中。

单击点编辑器，在 Insight 主菜单中选择 Point Editor（点编辑器）按钮，如图 5-2 所示。

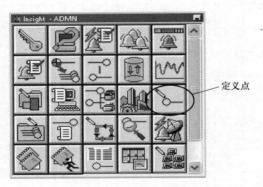

图 5-2　Insight 主菜单

屏幕显示一个空的 Point Editor（点编辑器）窗口，如图 5-3 所示。

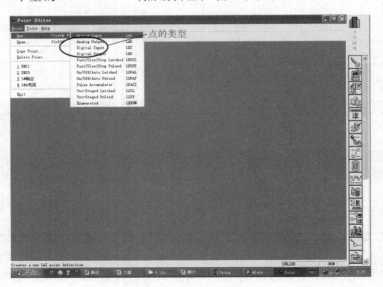

图 5-3　Point Editor（点编辑器）窗口

从 Point（点）菜单选择 New（新建）选项，并选择希望创建的点的类型，本例选择 Analog Input（模拟输入点），并单击 OK 进行确定。

选中后弹出下面对话框，可进行点的定义，如图 5-4 所示。

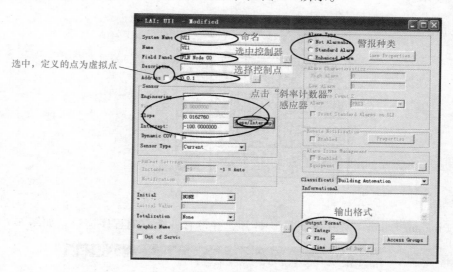

图 5-4　点的定义

在正在工作的 LAI 或 LAO 点窗口中，单击 Slope/Intercept（斜率/截距）按钮，打开 Slope Intercept Calculator 对话框，如图 5-5 所示。

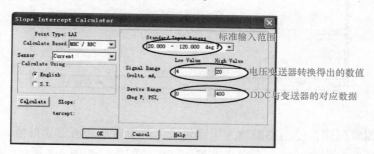

图 5-5　Slope Intercept Calculator（斜率/截距计算器）对话框

完成 Slope Intercept Calculator 对话框中的字段设置，单击"OK"按钮。

选择 Save（保存）按钮，对配置完成的点进行保存。这样已经把一个模拟输入点定义完成，同时也确定了该点的作用（采集电压变送模块的转换信号）。以同样的方法对本配电系统的其他点进行定义。

注：利用斜率计数器对功率因数的数据计算，没办法直接输出一个所需要的值，只能使它输出一个 -60~60 的值，接下来将介绍如何用程序使它进行一个余弦运算，得出所需要的功率因数值。

2. 程序编辑器

（1）PPCL 的概念　PPCL（Powers Process Control Language）是一种编程语言，用于为楼宇控制和能量管理功能编写现场控制器的控制程序。PPCL 包括不同类型的程序块，每个类型程序块执行不同的任务。若放在一起，这些程序块就成为有序的指令（称为控制程序），指令将在现场控制器中被执行。这些控制程序会指导现场控制器如何进行计算，评估控制策略，执行行动和命令点。

（2）启动程序编辑器　在 Insight 主菜单中选择 Program Editor（程序编辑器）按钮，如图 5-6 所示。

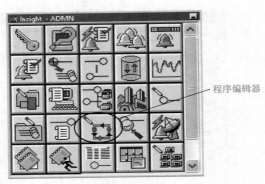

图 5-6　Insight 主菜单

则 Program Editor（程序编辑器）打开，并带有一个空的程序窗口，如图 5-7 所示。

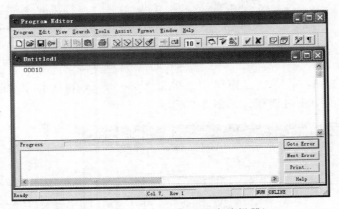

图 5-7　Program Editor（程序编辑器）

可以通过编辑程序，使功率因数变送模块采集的值转换为所需要的值，也可以设定一个虚拟点控制一区的配电，另一个虚拟点控制二区的配电，如图 5-8 所示。

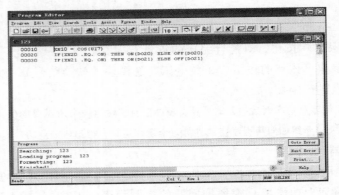

图 5-8　虚拟点控制二区的配电

对编写完的程序，选择 Save 按钮进行保存，如图 5-9 所示。

图 5-9　保存程序

System Name（系统名称）：定义程序在 Insight 窗口和报表中的唯一标识名称。对于采用 2.0 以上版本固件的 MBC（模块化楼宇控制器）中的程序，其系统名称的最大长度为 30 个字符，其组成可以包括大小写字母、数字、逗号和空格。

Name（名称）：定义程序在 Insight 窗口和报表中的唯一标识名称。该名称不用于 PPCL 程序语句。对于采用 2.0 以上版本固件的 MBC 中的程序，其系统名称的最大长度为 30 个字符，其组成可以包括大小写字母、数字、逗号和空格。

Field Panel（现场控制器）：将装载程序的现场控制器名称。您可以在这里直接键入现场控制器名称，也可以选择 Object Selector（对象选择器）按钮，然后从列表中选择现场控制器。现场控制器是在系统概要中定义的。

Select Access Groups（选择访问组）按钮：通过选择该按钮来选择新程序准备加入的访问组。通过将程序加入到您拥有访问权限的访问组，也就是确认了您和其他一些潜在的用户可能会在以后访问该程序。您也可以通过用户账户中的 Access Group（访问组）标签将程序添加到访问组中。

单击 OK 按钮。

然后进行程序的编译。如果编译器发现在 PPCL 语句中存在语法错误，则该错误将被显示在 Compilation（编译）区，程序修改将不被保存。

如果程序编译成功，则程序的修改将被保存到 Insight 中。随后，系统会提示您将程序下载到现场控制器中。

（3）停止运行中的程序　对程序进行修改时，要停止 DDC 里面运行中的程序，具体操作如图 5-10 所示。

选中后单击对话框右上角的"OK"按钮，可以看到所编辑的程序变为灰色，说明程序已经停止运行。

3. 创建背景图形

在开始使用 Graphics 应用之前，必须首先创建表现楼宇控制系统的基本图形，以便用于楼层平面、走线槽、机械设备和传感器等的显示。Micrografx Designer 软件可以让您通过选择一些正方形、长方形、直线、文本选项以及其他对象来构成系统的显示背景图形。

打开 Designer 软件，则屏幕上出现一个带栅格线的 Designer 窗口。

我们可以在栅格上编辑所需要的背景画面以及点位位图，背景画面也可以用其他绘图软件，如：（Photoshop、CorelDRAW）制作导入 Designer 软件，如图 5-11 所示。

利用 Designer 的文件扩展名（＊.drw、＊.ds4. ＊.dsf、＊.pic）保存文件。

4. Graphics 应用

背景图形创建完成后，可以打开 Graphics 应用，将背景图插入到 Graphics 应用中，并

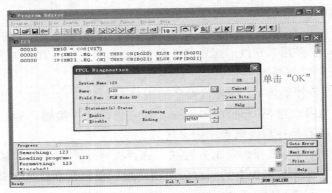

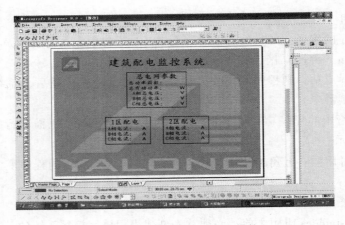

图 5-10　停止 DDC 里面运行中的程序

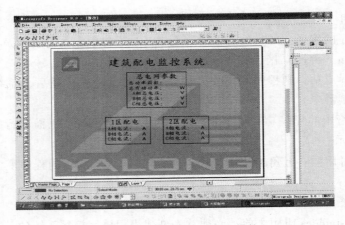

图 5-11　制作导入 Designer 软件

加入动态点的信息。

在 Insight 主菜单中，选择 New 按钮，则打开 Graphics 应用。

在 File（文件）菜单中选择 New 选项，则窗口显示一个隐含图形（即空图形），如图 5-12 所示。

（1）插入背景图

通过下列操作打开您选择的背景图：

选择 Insert Background（插入背景）按钮，在 Insert 菜单中选择 Background 选项，则

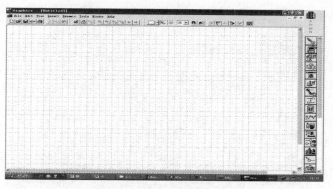

图 5-12　隐含图形窗口

Insert Background 对话框打开。

　　选择您希望用作背景图的图形文件，如图 5-13 所示。

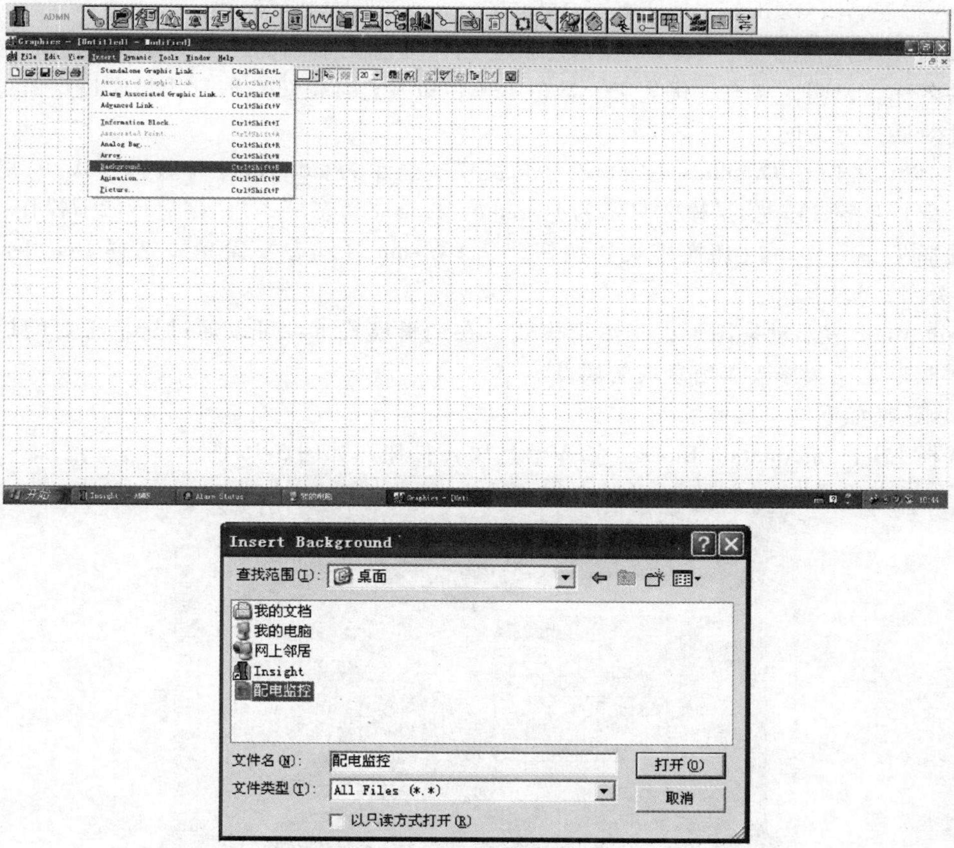

图 5-13　选择图形文件

　　选择所需要的背景图后单击"打开"按钮，这样背景图就会插入 Graphics 主窗口，如图 5-14 所示。

　　注意：尽管 Graphics 应用可以接受在 Bitmap 和 Windows Metafile 下创建的其他格式的背景图，但不能将这些图形与点之间建立关联关系。因此，如果希望在 Graphics 中使用这

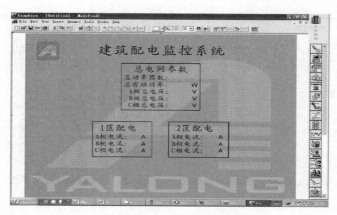

图 5-14　Graphics 主窗口

些图形文件，并指定关联关系，需要首先将这些图形导入 Designer 中，然后将它们以 De-signer 的扩展名（＊.drw、＊.ds4、＊.dsf 或＊.pic）形式另行保存。

（2）定义点信息块（PIB）　点信息块是插入动态图形中的一个文本块，它的内容包括点的名称、说明、状态、优先级、数值、单位以及合计值。点信息块是通过点信息块控制属性对话框定义的。

1）确认此时在 Graphics 主窗口右下角的模式显示为 Edit Mode（编辑模式）。如果是的话，则转步骤 2）。如果模式显示为 Dynamic Mode（动态模式），则进行如下操作：

选择 Toggle Mode（切换模式）按钮，从 Dynamic（动态）菜单中选择 Deactivate All（全部关闭）选项。

Edit Mode 表示动态图形处于编辑模式。在编辑模式下，可以通过显示必要的控制属性对话框来定义和修改点信息块的属性。

2）选择如下之一操作：

选择 Insert Information Block（插入信息块）按钮，如图 5-15 所示。

图 5-15　插入信息块窗口

从 Insert 菜单中选择 Information Block（信息块）选项，如图 5-16 所示。

则 Point Information Block Control Properties（点信息块控制属性）对话框打开。

3）完成 Point Information Block Control Properties 对话框的字段设置。

单击"确定"按钮，则 PIB 显示在 Graphics 窗口中，如图 5-17 所示。

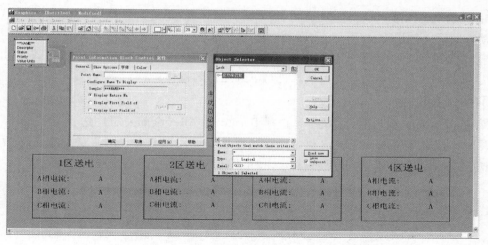

图 5-16　信息块窗口

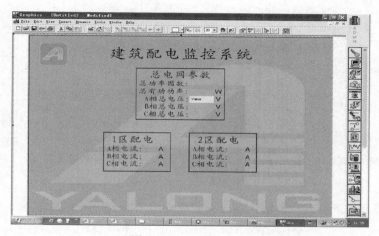

图 5-17　Graphics 窗口

以同样的方法把所需要的信息模块建立，然后进行保存。

注意：由于所有的对象均显示在动态图形窗口的左上角，可能需要将 PIB 移到图中点符号的位置，如图 5-18 所示。

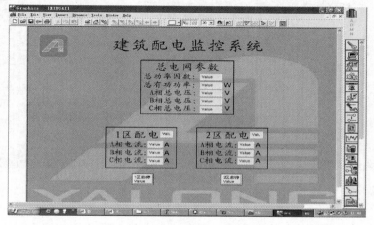

图 5-18　PIB 移到图中点符号

5. 显示动态图形

动态图形文件用于显示、控制在动态图形中的点值。

1) 确认信息，编辑模式显示在图形主窗口底部的状态栏中。若是编辑模式，进行步骤2)。如果显示的信息为动态模式，进行下列之一的操作：

① 单击 图标。

② 从 Dynamic（动态）菜单中，选择 Deactivate All（全部关闭）选项。

注意：若打开超过一个的活动窗口，选择想要停用（deactivate）的窗口，然后单击 图标，在活动和非活动间切换窗口，如图5-19所示。

图 5-19　活动和非活动间切换窗口

2) 在动态环境下可以双击输入点改变它现有的状态，如图5-20所示。

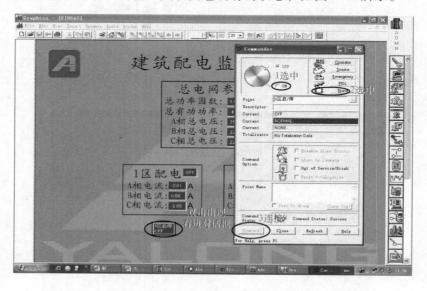

图 5-20　改变输入点现有的状态窗口

现1区已通电，显示状态为"ON"，颜色由蓝色变为绿色，如图5-21所示。

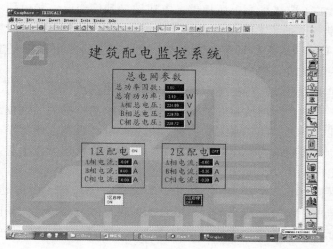

图 5-21　通电状态

以上就是本配电系统的软件监视与应用，要了解更加全面的知识信息，请参考《Insight 软件操作手册》和《PPCL 编程手册》。

二、供配电系统的电能质量

1. 概述

供配电监测数据反映了供配电系统运行的情况，通过计算分析，能够反映出供配电系统的电能质量。

电力系统的电能质量是指电压、频率和波形的质量。理想的电能应该是完美对称的正弦波。导致用户电力设备故障或不能正常工作的电压、电流或频率的静态偏差和动态扰动都称为电能质量问题。衡量电能质量的主要指标有电压偏差、电压波动与闪变、三相电压不平衡、暂态和瞬态过电压、频率偏差、谐波（波形畸变）以及供电连续性等。

电能质量问题的产生原因是非常复杂的。由于电能的生产和使用是同时进行的，发电设备、配电设备和用电设备连接在一个电力系统之中，因此电能质量问题将取决于电力系统中的各个环节。

对于电力系统末端的供配电系统来说，一方面影响电能质量的主要原因是系统的设计、施工、运行和用电负荷性质等因素，如调速电动机、开关电源、气体放电光源和无功补偿装置等的使用，会导致系统谐波水平不断上升；另一方面，一些新型用电负荷的出现，对所使用的电能质量提出了更高的要求，如大量智能化仪表和电子装置等设备，其性能对电能质量非常敏感。

电能质量涉及国民经济各行各业和人民生活用电，优质电力可以提高用电设备效率，延长使用寿命，减少电能损耗和生产损失。随着国民经济的发展和人民生活的提高，对电能质量的要求不断提高，衡量电能质量的标准由国家发布，以适应供需双方在生产运行中的要求。优质的电能质量是实现节约型社会的必要条件之一。

2. 评价供配电系统电能质量的主要指标

（1）电压质量　为保证用电设备的正常工作，要求供配电系统向用电设备所提供的电压始终保持在额定电压。合格的电压质量为电压不允许超过所规定的各类指标允许值。

影响电压质量的主要指标有电压偏差、电压波动和闪变、三相电压不对称度等。

（2）频率质量　衡量频率质量的指标是频率偏差。我国规定，电力系统的额定频率为 50Hz，称为"工频"或标称频率。符合频率质量要求的频率不得超过规定的允许偏差值。频率偏差是实际基波频率与标称频率的差值。

频率的变化对电力系统运行的稳定性影响很大。当系统低频运行时，用户所有电动机的转速都将下降，影响产品的质量和数量；将使与系统频率有关的测控设备受系统频率的影响而降低其性能，甚至不能正常工作；将引起异步电动机和变压器励磁电流增加，所消耗的无功功率增加，恶化电力系统的电压水平；频率的变化还可能引起系统中滤波器的失谐和电容器组发出的无功功率变化。

频率偏差通常由电力系统调节，为防止电力系统低频运行，应提供足够的电源容量，满足负荷增长的需求。在紧急情况下，采取自动按频率减负荷装置，切除低于设定值的次要负荷，保证系统的频率质量。在设计智能建筑供配电系统时，一般不必采取频率调节措施。

（3）电压波形质量　电压的波形质量是以正弦波畸变率来衡量的。电压波形的畸变率是因为电网中除基波电压以外的其他各次谐波分量的影响导致的。

电压波形质量指电压波形畸变率不许超过规定的允许值。我国国家标准对公共电网谐波电压及电网中公共连接点的注入谐波电流分量均有严格的规定范围。

3. 电能质量的改善

（1）电压偏差的改善措施

1）合理选择变压器的电压分接头。

2）合理减少系统的阻抗。

3）合理改变系统的运行方式。

4）合理采用无功功率补偿措施。

5）尽量使系统三相负荷平衡。

（2）电压波动和电压闪变的抑制措施

1）对负荷变动剧烈的大型电气设备，采用专用线或专用变压器单独供电。这是最简单有效的方法。

2）设法增大供电容量，减少系统阻抗，如将单回路线路改为双回路线路，或将架空线路改为电缆线路等，使系统的电压损耗减少，从而减少负荷变动时引起的电压波动。

3）对于大功率用电设备，可选用更高等级的电压供电。对于大功率电弧炉等冲击性负荷的变压器，宜由短路容量较大的电网供电。

4）对于大型冲击性负荷，可装设能"吸收"冲击无功功率的禁止型补偿装置（SVC）。

（3）三相电压不平衡度的改善措施

1）应将单相负荷平衡地分布于三相上，并考虑用电设备功率因数的不同，尽量使有功功率和无功功率在三相系统中达到平衡。低压配电系统三相之间的容差不宜超过 15%。

2）对于不能平衡的单相负荷，采用单独的单相变压器供电。

3）对不对称的三相负荷，尽量连接在短路容量较大的系统。

4）采用平衡电抗器和电容器组成的电流平衡装置。

（4）谐波的抑制措施

1）加强系统承受谐波的能力。对于大功率的变压器设备，可由容量较大的母线或高一级电压的电网供电。

2）对于大功率静止整流器，可提高整流变压器二次侧的相数，增加整流器的整流脉冲数；多台相数相同的整流装置，使整流变压器的二次侧有适当的相位差；按谐波次数装设分流滤波器。

3）三相整流变压器采用 Yd 或 Dy 接线方式。

4）装设交流滤波器吸收谐波。这是当前最主要的抑制谐波的方法，交流滤波器分为无源交流滤波器和有源交流滤波器。

※资源准备※

1. 供配电监控柜。
2. 计算机、Insight 软件。

※任务实施※

任务实施步骤见表 5-4。

表 5-4　任务实施步骤

序号	步骤	具体内容	说明
1	软件的使用	使用 Insight 数据监测软件,创建监测画面及监测项目	参考"相关知识"部分"数据监测软件的使用"以及《Insight 软件操作手册》和《PPCL 编程手册》
2	数据的监测	通过 Insight 数据监测软件进行电网数据的监测	实时监测,软件自动记录数据
3	数据的分析	结合电能质量分析相关知识进行数据分析	参考"相关知识"部分"供配电系统的电能质量"

※任务检测※

任务检测内容见表 5-5。

表 5-5　任务检测内容

序号	检测内容	检测标准
1	软件的使用	能够完成软件的使用,能够根据数据监测的需求完成画面的制作及相关参数设置
2	数据的监测	能够通过计算机软件与供配电系统建立通信,实时监测供配电系统的各项数据
3	数据的分析	简单分析

※知识扩展※

供配电系统节能

由于国民经济的快速发展，各行各业对于电力的需求快速增长，尽管我国电力建设超常规增长，电力供应仍严重不足，发生在我国许多省市的"电荒"已成为相当普遍的严重问题。因此，节约能源及节约用电引起了全社会的高度重视，必须采取各种有效节能的技术措施。

降低供配电系统的线损及配电损失，最大限度地减少无功功率，提高电能的利用率，是供配电系统节能最有效的措施。

1. 减少配电线路损耗

根据负荷容量、供电距离及分布、用电设备特点等因素，合理设计供电系统和选择供电电压，供配电系统应尽量简单可靠，同一电压的供电系统变、配电级数不宜多于两级。

变电所应尽可能地靠近负荷中心，以缩短供电半径，减少线路损失。

对于较长的固定线路，在满足载流量、热稳定、保护配合及电压降要求的前提下，在选定导线截面积时应加大一级导线截面积。这样，虽然增加了线路费用，但由于节约能耗而减少了年运行费用，综合考虑节能效果时还是合算的。

2. 提高供配电系统的功率因数

功率因数提高后可以达到如下效果：减少线路的损耗；减少变压器的铜损；提高变压器的效率；减少了线路和变压器的电压损失；可以增加发、配电设备的能力，节约设备投资。

提高功率因数的具体方法有：合理安排和调整工艺流程，改善电气设备的运行状态。对异步电动机、电焊机，尽量使其负荷率大于 50%，否则安装空载断电器、轻载节电器或采用调速运行方式等；条件允许时，可用同步电动机代替异步电动机或使其同步化；对变压器，使其负荷率在 75%~85% 之间，这些都可以达到提高其自然功率因数的目的。

当自然功率因数仍达不到规范要求时，需采取人工补偿。

10(6)kV 及以下无功功率宜在变压器低压侧集中补偿，且功率因数不宜低于 0.9；高压侧用电设备和变压器的无功功率宜由高压电容器补偿，且功率因数不宜低于 0.95。

对距供电点较远、容量大、运行平稳且常使用的设备的无功功率宜单独就地补偿，其他的在变电所内集中补偿。

在补偿方式上，经常性变化的无功功率宜采取自动补偿，其他稳定的基本无功功率宜采用手动补偿。

项目六
供配电监测系统的维护

※项目描述※

本项目主要完成供配电监测系统的维护。供配电监测系统的维护工作，是变配电所值班人员最重要的工作。通过对系统的良好维护，尽量减少设备出现故障的可能性，确保系统正常的工作，从而保证变配电所安全可靠地供电，为人们的正常生产生活提供保障。

※项目分析※

通过完成本项目两个任务的实施（见图6-1），掌握供配电监测系统维护的方法和要点，能够及时准确地发现系统运行过程中出现的缺陷、异常情况，并尽早采取相应措施防止事故的发生和扩大，确保安全。一旦系统中的设备出现损坏情况，应能及时进行检测和维修，排除故障点，使得系统尽快恢复正常运行。在完成相应的工作任务过程中，应该严格按照相关的规定进行规范操作，培养和提高自身的安全意识。

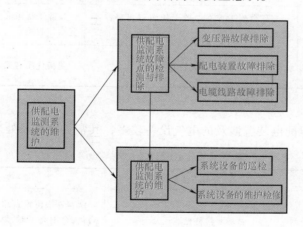

图 6-1　项目六分析图

任务一　供配电监测系统故障点的检测与排除

※任务描述※

为了确保在供配电系统出现故障的情况下，能够及时检测并排除故障，尽快恢复故障给人们的生产生活带来的影响，本任务将介绍供配电监测系统中常见故障的检测与排除。

※相关知识※

常见设备故障及处理办法

1. 变压器

干式变压器在正常维护保养情况下故障率很小，一般容易出现故障的地方是风机和温控仪。干式变压器常见故障及处理办法，见表6-1。

表6-1　干式变压器常见故障及处理办法

常见故障	故障产生的原因	一般处理办法
变压器超温	排风不畅(有可能为风机损坏或通风条件不好等)	检查风机、风道,改善设备运行环境
风机损坏	风机运行时间过长	使风机间歇运行,缩短运行时间
	环境温度高,热交换能力不足	降低环境温度,增加热交换能力
	风机质量问题	更换优质风机
温控器故障	电子元器件安装位置温度高于其耐温上限值	更换新的温控器
	变压器附近存在电磁干扰源引起温控器误报警或误跳闸	排除干扰源或采取防干扰措施(如进行冗余控制等)
有载调压干式变压器的有载调压开关故障	设备质量问题,造成故障率高	更换优质有载调压开关

2. 配电装置

变配电所高低压配电装置涉及的电气设备较多，其常见故障及处理办法见表6-2。

表6-2　变配电所高低压配电装置涉及的电气设备常见故障及处理办法

故障设备	常见故障	故障产生的原因	一般处理办法
真空断路器	电动合不上闸	铁心与拉杆松脱	调整铁心位置。卸下静铁心,使之手力可以合闸,合闸终了时,掣子与滚轮间应有 1~2mm 间隙
	合闸空合	掣子扣合距离太少,未过死点	将调整螺钉向外调,使掣子过死点。调整完毕后应将螺钉紧固,并用红漆点封
	电动不能脱扣	掣子扣合太多;分闸线圈的连接线松脱;操作电压过低	将调整螺钉向里调好,并将螺母紧固;重新接线;调整电压
	合闸线圈和分闸线圈烧坏	辅助开关接点接触不良	用砂纸研磨接点或更换辅助开关

故障设备	常见故障	故障产生的原因	一般处理办法
低压断路器	触点过热	开关容量过小;触点间压力降低使接触不良,接触电阻增大;操作机构使动触点插入静触点的深度不够	更换大容量开关;调整触点操作机构的杠杆,保证动触点的插入深度
	触点不能闭合	失电压脱扣器线圈供电线路或线圈本身故障;开关的储能弹簧变形或失去弹性;开关断开后机构不能复位再扣	检修失电压脱扣器线圈是否短路或断线,必要时重绕或更换;更换弹簧;调整再扣装置
	开关误分断	受到振动,使过电流脱扣器的整定电流值发生变化	重新调整过电流脱扣器的整定电流值,将整定开关固定好,避免振动发生时再次发生变化
	失电压脱扣器有明显噪声	铁心的极面上有锈蚀或油污;铁心的短路环断裂或脱落;反力弹簧的反力过大	用细纱布或干净棉布将锈蚀和油污擦干净;将断裂处焊牢或更换铁心,脱落时重新加固;调整弹簧弹力
隔离开关	动、静触点接触部分过热	压紧弹簧压力不足、螺栓松动、接触面积过小、接触表面氧化;开关容量不够或长期过负荷	拧紧松动螺钉,调整动、静触点接触面积,用砂纸打磨氧化触点后涂导电膏或中性凡士林;更换大容量开关或适当降低负荷
	隔离开关合不上或者拉不开	操作机构故障或动、静触点接触面不在一条直线上;传动机构不灵活或接触处发生熔焊	调整、更换损坏部件,调整动触点及其支持绝缘子使动、静触点在一直线上;定期检查操作机构,定期给转动部件加油
熔断器	熔体熔断	熔体两端或熔断器触点间接触不良引起局部发热;熔体本身氧化或有机械损伤使实际截面积变小;周围环境温度过高	检查调整接触部位,压接熔体牢固,保证接触良好,避免发热;更换熔体;改善通风条件,加强散热
互感器	电压互感器熔丝熔断	二次负载超过额定容量或二次绕组短路、系统发生单相接地等	高压侧应该先查明原因,确认无问题后更换熔丝,低压侧短路时应立即更换熔丝
	电流互感器一次接线压线处发热	压接不紧、内部一次接线压接不良、接线板表面严重氧化或接触面积小	将压接处打磨平滑,涂上导电膏加弹簧垫圈压紧,若接触面积小应增大接线板长度
	电流互感器线圈和铁心过热	长期过负荷、二次匝间短路;二次线圈开路引起铁心过热	降低负荷至额定容量下,检查更换线圈或更换合适变比和容量的互感器;二次回路开路时,应短接互感器二次电流或临时断开一次回路,修复后再恢复供电
电容器	外壳鼓起	运行环境温度过高、通风不良、电源电压过高	改善电容器工作环境,调整电源电压
	放点回路指示灯烧坏	指示灯功率过小或电流过大	换用较大功率指示灯或在回路中串联合适阻值的电阻

3. 线路

目前建筑物中常用的线路有电缆和绝缘导线两种。电缆在运行过程中出现故障的概率极小,往往因为制作工艺的原因导致故障发生。电缆头是电缆线路中最薄弱的环节,在发生的电缆故障中电缆头故障占主体。电缆线路常见故障及解决办法见表6-3。

表 6-3　电缆线路常见故障及解决办法

常见故障	故障产生的原因	一般处理办法
机械损伤	外力破坏	加强施工管理,保证施工质量
	电缆敷设弯曲过大或拉力过大	按规定敷设电缆
绝缘受潮	电缆中间接头盒和终端接头盒密封不好或施工不好受潮,水分侵入盒内	应用专门设备对受潮电缆进行干燥处理
	在电缆运输或敷设过程中,电缆护层被外力破坏;在电缆试验或运行时,电缆绝缘击穿破坏电缆护层,造成潮气入侵	干燥处理电缆或更换电缆
	电缆制造不良	采用专业厂家的优质电缆
绝缘老化变质	电缆长期过负荷或散热不良	详细检查电缆线路负荷情况,检查周围环境温度
电缆头故障	制造工艺水平不过关	规范制作工艺,如切割、剥切电缆的力度、角度等严格要求
	线芯连接不良,造成接触电阻过大	用压接工具按压接线要求连接线芯

配电绝缘导线在运行过程中最常见的故障是短路和过负荷。配电绝缘导线发生故障时，应及时切断电路，否则可能导致人员触电、线路烧毁和电气火灾等严重后果。配电绝缘导线常见故障、故障原因及预防措施，见表 6-4。

表 6-4　配电绝缘导线常见故障、故障原因及预防措施

常见故障	故障原因	预防措施
短路	导线长期过负荷,导线过热使得绝缘层老化;导线的绝缘层受到潮湿或腐蚀作用而失去绝缘能力;线路缺乏维护,绝缘受损坏,使线芯裸露	定期检查导线绝缘强度
	线路的运行电压超过导线额定电压,导线的绝缘被击穿	导线绝缘必须符合线路电压的要求
	安装修理人员粗心大意,将线路接错或带电作业造成人为碰线	安装线路时,导线与导线之间,导线与墙壁之间、顶棚、金属建筑构件之间,以及固定导线用的绝缘子之间,应有符合规定的间距;在线路上应按照规定安装断路器或熔断器,以便在线路发生短路或过载时,及时可靠地切断电路
过负荷	设计配电线路时,导线截面积选得较小,即与负荷电流值不相适应	配电网络应根据负荷条件合理规划,依据负荷大小来选择导线截面积
	线路中接入了功率过大的电气设备,超过了配电线路的负荷能力	定期测量线路负荷,检查线路实际运行时的负荷情况
	私拉电线,过多地接入并联负载,保护失效	定期检查线路断路器、熔断器的运行情况,以保证过负荷时能及时切断电源
	二次装修时施工人员随意乱改原电气设计线路,使某些线路处于过负荷状态	不随意私拉乱接电线

※资源准备※

1. 软件资源

供配电线路图。

2. 硬件资源

包括安装工具、测试工具、配件和线缆等，见表6-5。

表6-5　硬件资源

序号	分类	名称	型号规格	数量	单位
1	安装工具	常用电工箱		1	个
2		验电笔		1	支
3	测试工具	万用表		1	个
4		绝缘电阻表		1	个
5	配件	绝缘胶带		1	卷
6	线缆	铜芯塑料绝缘导线	$2.5mm^2$	1	捆

注：常用电工箱包含钢丝钳、卷尺、一字螺钉旋具、十字螺钉旋具、电工刀和剥线钳等。

※任务实施※

任务实施步骤见表6-6。

表6-6　任务实施步骤

序号	步骤	具体内容	说明
1	干式变压器故障排除	对变压器进行故障点的检测与排除	参见表6-1
2	配电装置故障排除	对配电装置进行故障点的检测与排除	参见表6-2
3	电缆线路故障排除	对电缆线路进行故障点的检测与排除	参见表6-3

※任务检测※

任务检测内容见表6-7。

表6-7　任务检测内容

序号	检测内容	检测标准
1	干式变压器故障排除	排除故障后，干式变压器正常运行
2	配电装置故障排除	排除故障后，相应配电装置正常运行
3	电缆线路的检修	排除故障后，电缆线路正常

※知识扩展※

安全用电

电能是一种方便的能源，它的广泛应用形成了人类近代史上第二次技术革命，有力地推动了人类社会的发展，给人类创造了巨大的财富，改善了人类的生活。

在生产和生活中必须特别注意安全用电，如果使用不当，可能会造成严重后果，如触电可造成人身伤亡，设备漏电产生的电火花可能酿成火灾、爆炸，给国家、社会和个人带来极大的损失。

1. 安全用电标志

明确统一的标志是保证用电安全的一项重要措施。统计表明，不少电气事故完全是由于标志不统一而造成的。例如由于导线的颜色不统一，误将相线接设备的机壳，而导致机壳带电，酿成触电伤亡事故。

标志分为颜色标志和图形标志。颜色标志常用来区分各种不同性质、不同用途的导线，或用来表示某处安全程度。图形标志一般用来告诫人们不要接近有危险的场所。为保证安全用电，必须严格按有关标准使用颜色标志和图形标志。我国安全色标采用的标准，基本上与国际标准草案（ISD）相同。一般采用的安全色有以下几种：

1）红色，用来标志禁止、停止和消防，如信号灯、信号旗、机器上的紧急停机按钮等都是用红色来表示"禁止"的信息。

2）黄色，用来标志注意危险，如"当心触电""注意安全"等。

3）绿色，用来标志安全无事，如"在此工作""已接地"等。

4）蓝色，用来标志强制执行，如"必须戴安全帽"等。

5）黑色，用来标志图像、文字符号和警告标志的几何图形。

按照规定，为便于识别，防止误操作，确保运行和检修人员的安全，采用不同颜色来区别设备特征。如电气母线，A相为黄色，B相为绿色，C相为红色，明敷的接地线涂为黑色。在二次系统中，交流电压回路用黄色，交流电流回路用绿色，信号和警告回路用白色。

2. 安全用电注意事项

安全用电，预防为主。为了确保安全用电，应在用电的过程中，注意以下事项：

1）认识了解电源总开关，学会在紧急情况下关断总电源。

2）不用手或导电物（如铁丝、钉子、别针等金属制品）去接触、探试电源插座内部。

3）不用湿手触摸电器，不用湿布擦拭电器。

4）电器使用完毕后应拔掉电源插头；插拔电源插头时不要用力拉拽电线，以防止电线的绝缘层受损造成触电；电线的绝缘皮剥落，要及时更换新线或者用绝缘胶布包好。

5）发现有人触电要设法及时关断电源；或者用干燥的木棍等物将触电者与带电的电器分开，不要用手去直接救人；年龄小的同学遇到这种情况，应呼喊成年人相助，不要自己处理，以防触电。

6）不随意拆卸、安装电源线路、插座和插头等。哪怕安装灯泡等简单的事情，也要先关断电源，并在有相关经验的家庭成员的指导下进行。

3. 家庭安全用电常识

1）每个家庭必须具备一些必要的电工器具，如验电笔、螺钉旋具、胶钳等，还必须具备适合家用电器使用的各种规格的熔断器。

2）每户家用电表前必须装有总熔断器，电表后应装有总刀开关和剩余电流断路器。

3）任何情况下严禁使用铜、铁丝代替熔断器。熔断器的大小一定要与用电容量匹配。更换熔断器时要拔下瓷盒盖更换，不得直接在瓷盒内搭接熔断器，不得在带电情况下

（未拉开刀开关）更换熔断器。

4）烧断熔断器或剩余电流断路器动作后，必须查明原因才能再合上开关电源。任何情况下不得用导线将熔断器短接或者压住剩余电流断路器跳闸机构强行送电。

5）购买家用电器时应认真查看产品说明书的技术参数（如频率、电压等）是否符合本地用电要求。要清楚耗电功率是多少、家庭已有的供电能力是否满足要求，特别是配线容量、插头、插座、熔断器、电表是否满足要求。

6）当家用配电设备不能满足家用电器容量要求时，应予以更换改造，严禁凑合使用。否则超负荷运行会损坏电气设备，还可能引起电气火灾。

7）购买家用电器还应了解其绝缘性能是一般绝缘、加强绝缘还是双重绝缘。如果是靠接地作剩余电流保护的，则接地线必不可少。即使是加强绝缘或双重绝缘的电气设备，作保护接地或保护接零亦有好处。

8）带有电动机类的家用电器（如电风扇等），还应了解耐热水平，是否长时间连续运行。要注意家用电器的散热条件。

9）安装家用电器前应查看产品说明书对安装环境的要求，特别注意在可能的条件下，不要把家用电器安装在湿热、灰尘多或有易燃、易爆、腐蚀性气体的环境中。

10）在敷设室内配线时，相线、中性线应标志明晰，并与家用电器接线保持一致，不得互相接错。

11）家用电器与电源连接，必须采用可开断的开关或插接头，禁止将导线直接插入插座孔。

12）凡要求有保护接地或保护接零的家用电器，都应采用三脚插头和三孔插座，不得用双脚插头和双孔插座代用，造成接地（或接零）线空档。

13）家庭配线中间最好没有接头。必须有接头时应接触牢固并用绝缘胶布缠绕，或者用瓷接线盒。不要用医用胶布代替电工胶布包扎接头。

14）导线与开关、刀开关、熔断器盒、灯头等的连接应牢固可靠，接触良好。多胶软铜线接头应拢绞合后再放到接头螺钉垫片下，防止细股线散开碰到另一接头上造成短路。

15）家庭配线不得直接铺设在易燃的建筑材料上面，如需在木料上布线必须使用瓷珠或瓷夹子；穿越木板必须使用瓷套管。不得使用易燃塑料和其他的易燃材料作为装饰用料。

16）接地或接零线虽然正常时不带电，但断线后如遇漏电会使电器外壳带电；如遇短路，接地线亦通过大电流。为保证安全，接地（接零）线规格应不小于相导线，在其上不得装开关或熔断器，也不得有接头。

17）接地线不得接在自来水管上（因为自来水管接头堵漏用的都是绝缘带，没有接地效果）；不得接在煤气管上（以防电火花引起煤气爆炸）；不得接在电话线的地线上（以防强电影响弱电）；也不得接在避雷线的引线上（以防雷电时反击）。

18）所有的开关、刀开关、熔断器盒都必须有盖。胶木盖板老化、残缺不全者必须更换。脏污受潮者必须停电擦抹干净后才能使用。

19）电源线不要拖放在地面上，以防电源线绊人，并损坏绝缘。

20）家用电器试用前应对照说明书，将所有开关、按钮都置于原始停机位置，然后按说明书要求的开停操作顺序进行操作。如果有运动部件如摇头风扇，应事先考虑足够的运动空间。

21）家用电器通电后发现冒火花、冒烟或有烧焦味等异常情况时，应立即停机并切断电源，进行检查。

22）移动家用电器时一定要切断电源，以防触电。

23）发热电器周围必须远离易燃物料。电炉、取暖炉、电熨斗等发热电器不得直接搁置在木板上，以免引起火灾。

24）禁止用湿手接触带电的开关；禁止用湿手拔、插电源插头；拔、插电源插头时手指不得接触触头的金属部分；也不能用湿手更换电气元件或灯泡。

25）对于经常手持使用的家用电器（如电吹风、电烙铁等），切忌将电线缠绕在手上使用。

26）对于接触人体的家用电器，如电热毯、电油帽、电热足鞋等，使用前应通电试验检查，确定无漏电后才可接触人体。

27）禁止用拖导线的方法来移动家用电器；禁止用拖导线的方法来拔插头。

28）使用家用电器时，先插上不带电侧的插座，最后才合上刀开关或插上带电侧插座；停用家用电器则相反，先拉开带电侧刀开关或拔出带电侧插座，然后才拔出不带电侧的插座（如果需要拔出的话）。

29）紧急情况需要切断电源导线时，必须用绝缘电工钳或带绝缘手柄的刀具。

30）抢救触电人员时，首先要断开电源或用木板、绝缘杆挑开电源线，千万不要用手直接拖拉触电人员，以防连环触电。

31）家用电器除电冰箱这类电器外，都要随手关掉电源，特别是电热类电器，要防止长时间发热造成火灾。

32）严禁使用床开关。除电热毯外，不要把带电的电气设备引上床，靠近睡眠的人体。即使使用电热毯，如果没有必要整夜通电保暖，也建议发热后断电使用，以保安全。

33）家用电器烧焦、冒烟、着火，必须立即断开电源，切不可用水或泡沫灭火器浇喷。

34）对室内配线和电气设备要定期进行绝缘检查，发现破损要及时用电工胶布包缠。

35）在雨期前或长时间不用又重新使用的家用电器，用500V绝缘电阻表测量其绝缘电阻应不低于$1M\Omega$，方可认为绝缘良好，可正常使用。如无绝缘电阻表，至少也应用验电笔经常检查有无漏电现象。

36）对经常使用的家用电器，应保持干燥和清洁，不要用汽油、酒精、肥皂水、去污粉等带腐蚀或导电的液体擦抹家用电器表面。

37）家用电器损坏后要请专业人员修理或送修理店修理，严禁非专业人员在带电情况下打开家用电器外壳。

任务二　供配电监测系统的维护

※任务描述※

供配电设备的正常运行是保证供配电所安全、可靠和经济供配电的关键所在。电气设备的运行维护工作，是用户及电工日常最重要的工作。通过对供配电设备的缺陷和异常情况的监视，及时发现设备运行中出现的缺陷、异常情况和故障，并及早采取相应的措施防止事故的发生和扩大，从而保证供配电所能够安全可靠地供电。

※相关知识※

一、供配电系统设备的巡检

为了实现供配电系统安全可靠地运行，应落实"预防为主"的方针，对设备进行定期的巡检，尽量在事故发生之前，发现事故苗头，消除事故隐患。

巡检人员在设备巡检过程中，严格按照安全规程，用高度的责任心和"看、闻、听、摸"的巡检方法，可以及时发现、消除事故隐患。

"看"——指看外形和看仪表。看外形，指对设备可见部位外观变化进行观察，发现设备的异常现象（如变色、变形、位移、破裂、松动、打火冒烟、断股断线、闪络痕迹等）；看仪表，指对仪表的读数进行观察，确认读数是否超出正常范围。

"闻"——指闻空气中有无异味，因为电气设备的绝缘材料过热会使得设备周围的空气产生一种难闻的异味。

"听"——指仔细听设备有无发出与正常时不一样的声音以及正常时没有的声音。如变压器、互感器、继电器通过交流电正常运行时，其线圈铁心会发出节律均匀和一定响度的嗡嗡声，如果发出响声增大的噪声，则是非正常现象。有些声音在设备正常运行时是没有的，比如噼啪的放电声等，发出这些声音也是非正常现象。

"摸"——指用手摸设备的绝缘部分或者通过专用工具接触设备，来感觉设备运行中的温度变化、振动情况。操作设备之前，最好空手模拟操作动作与程序，切忌随意乱摸乱碰，导致设备误动作或者引起触电事故。

巡检人员应该充分调动人的感官功能，合理利用"看、闻、听、摸"的巡检四法，对运行设备的形状、位置、颜色、气味、声音、温度、振动等一系列信息，进行全方位的巡检，从上述各个方面的变化及时发现异常现象，做出正确判断，及时采取有效措施进行处理，保证设备的安全运行。

供配电系统常见设备巡检见表 6-8。

表 6-8　供配电系统常见设备巡检

巡检项目	巡检内容
主变压器	变压器运行声音是否正常
	变压器油色、油位是否正常，各部位有无渗漏油现象
	变压器油温及温度计指示是否正常，远方测控装置指示是否正确
	变压器两侧母线有无悬挂物，金具连接是否紧固，引线是否过松或过紧，接头接触是否良好，试温蜡片是否有融化现象
	呼吸器是否通畅，硅胶是否变色，气体继电器是否充满油，压力释放器（安全气道）是否完好无损
	瓷绝缘子、套管是否清洁，有无破损裂纹、放电痕迹及其他异常现象
	主变外壳接地点接触是否良好
	有载分接开关的分接指示位置及电源指示是否正常
	冷却系统的运行是否正常
	各控制箱及二次端子箱是否关严，电缆穿孔封堵是否严密，有无受潮
	警示牌悬挂是否正确，各种标志是否齐全明显

项目六

巡检项目	巡检内容
真空断路器	分、合闸位置指示是否正确，与实际运行位置是否相符
	断路器及重合器指示灯是否正确
	支柱绝缘子及套管有无裂痕或放电现象
	引线弛度是否适中、接触是否良好，试温蜡片是否有融化现象
	断路器支架接地是否完好
油断路器	分、合闸位置时指示是否正确，与实际运行位置是否相符
	油色、油位是否正常，有无漏油痕迹，放油阀关闭是否紧密
	排气管是否完好、有无喷油现象
	表面是否清洁，各部件连接是否牢靠，有无发热变色现象
弹簧操作机构	机构箱门是否平整，开启是否灵活，关闭是否紧密
	储能电动机的电源刀开关或熔丝接触是否良好
	检查分、合闸线圈有无变色、变形或异味
	断路器在分闸备用状态时，合闸弹簧是否储能
	各辅助接点、继电器位置是否正确
电磁操作机构	机构箱门是否平整，开启是否灵活，关闭是否紧密
	检查分、合闸线圈及合闸接触器有无变色、变形或异味
	直流电源回路接线端子有无松脱、锈蚀
隔离开关	绝缘子是否完整无裂纹，有无放电现象
	机械部分是否正常
	闭锁装置是否正常
	触头接触是否良好，接触点是否发热，有无烧伤痕迹，引线有无断股、折断现象
	接地刀开关接地是否良好
电力电缆	电力电缆头是否清洁完好，有无放电发热现象
	检查电缆沟有无积水，盖板有无破损，放置是否平稳，沟边有无倒塌
	检查电缆终端防雷设施是否完好
	检查电力电缆外壳、外皮等接地是否良好

二、供配电系统设备的维护

1. 变压器的维护检修

在运行情况下，干式变压器通常无需维护，但需要定期停电维护检修。

1）用清洁的压缩空气或氧气吹扫线圈表面、线圈内部、线圈与铁心之间的灰尘和异物，铁心、夹件表面和各缝隙的灰尘和异物，风机各部分异物。

注意：不可用潮湿的物体擦拭变压器本体，以免降低绝缘水平。

2）对各个螺栓进行紧固。

3）检查变压器外壳有无损伤、套管有无裂纹、导线有无松动及有无其他的异常状态，并消除发现的缺陷。检查夹件表面涂层，如有破损，则采用同色油漆修补。

4）检查接地电阻值是否符合规定值。

5）按照 3~5 年的试验周期进行预防性试验，实验项目见表 6-9。

表 6-9　进行周期预防性试验

试验项目	要　求
绕组直流电阻测试	与以前相同部位测试值比较,偏差应该为±2%
绕组绝缘电阻吸收比的测试	绝缘电阻换算至同一温度下,与前一次测试相比无明显变化,吸收比应不低于 1.3
交流耐压测试	输入出厂试验电压值 80% 的交流电压,持续 5min
测温装置及其二次回路测试	回路试验密封良好,指示正常,用 2500V 绝缘电阻表测量,绝缘电阻值不低于 $1.0M\Omega$

2. 供配电装置的维护检修

供配电装置的维护检修应该停电进行，按照维修工作量的大小及修理费用，有大修、中修、小修，具体内容见表 6-10。

表 6-10　维修级别及具体内容

维修级别	具体内容
小修	清扫、更换、修复少量易损件,做适当的调整与紧固工作
中修	除小修内容之外,对电气设备的主要零部件进行局部修复和更换
大修	对电气设备进行局部或全部解体后,修复、更换磨损或腐蚀的零部件,以使设备恢复至原有技术特性

配电装置主要的维护检修项目及维护检修内容见表 6-11。

表 6-11　维护检修项目及维护检修内容

维护检修项目	维护检修内容
高压真空断路器	灭弧室真空度的检测
	真空断路器开距、超行程的调整
	测量真空断路器的三相同期性
	测量触点接触电阻
	检修操动机构
	检查辅助和控制回路的耐压、分合闸线圈的绝缘电阻值、最低合闸电压、最低分闸电压、分合闸线圈的直流电阻等,均应符合要求
	检查瓷绝缘子,应无裂纹和损坏;检查开关金属构件,接地应牢固可靠
隔离开关和高压开关柜	检查隔离开关和开关柜的全部外部部件
	清理瓷绝缘子的灰尘
	检查隔离开关动静触头,清除其烧损点及其氧化物
	调节隔离开关刀片的接触面积
	检查隔离开关和高压开关柜的接地线是否符合标准、是否牢靠
	检查各个接地点的接触情况及母线瓷绝缘子支架是否牢固,并紧固各母线及电线电缆的连接螺钉
	润滑传动机构

（续）

维护检修项目	维护检修内容
电流互感器和 电压互感器	检查互感器的一、二次侧接线是否紧固，清除灰尘
	检查铁心及二次绕组接地是否完整可靠
	测量一、二次回路之间的绝缘电阻
	处理检查中发现的缺陷
	检查电流互感器通电接点是否有烧焦痕迹，铁心是否有过热现象；检查电压互感器瓷绝缘子是否完整，清理瓷绝缘子的灰尘
	检查互感器的变化
低压配电屏	清扫配电屏及其所属设备
	检查导线连接是否牢固，低压断路器等开关及分路熔断器是否合适
	检查接地是否可靠
	检查与修理开关的烧坏部位
	检查接线头有无熔化和过热现象
	测量母线、电缆及回路绝缘电阻
	检查各个开关操作机构是否灵活，并加以调整
电容器	检查瓷绝缘子有无损伤，擦净污垢
	检查电容器箱体是否渗漏介质，箱壁有无膨胀凹凸现象
	检查接地和放电装置是否完整可靠
	检查通电连接部分是否有过热现象
二次回路	检查端子板、接线头和标志牌是否完整，检查各个接线螺钉是否松动，如果松动，应进行紧固
	检查熔断器是否完整，熔体是否适当
	检查线路是否完整，有无损伤
	测量二次回路对地绝缘电阻，应不小于 $2M\Omega$
	清扫二次回路灰尘
保护继电器 及仪表	检查仪表和继电器各个接线螺钉是否松动并予以紧固，检查计量仪表铅封是否完整
	清扫外壳
	检查导线的线标号、接线端子板是否完好，接线是否整齐、正确、完整
	检查仪表和继电器的接点情况，看是否有烧坏的触点
	继电器工作时是否有噪声

三、电缆线路维护

1）清扫电缆终端头和中间头。

2）清扫电缆沟、电缆隧道及电缆桥架等地方的电缆灰尘，检查电缆运行温升。

3）矫正超过电缆弯曲弧度的电缆，更换破损或脱落的标号牌。

4）测量电缆线芯对地绝缘电阻。

5）检查电缆外表腐蚀情况。

6）检查接地装置，消除外部缺陷。

※资源准备※

1. 软件资源

供配电线路图。

2. 硬件资源

包括安装工具、测试工具、配件和线缆等，见表6-12。

表 6-12　硬件资源

序号	分类	名称	型号规格	数量	单位
1	安装工具	常用电工箱		1	个
2		验电笔		1	个
3	测试工具	万用表		1	个
4		绝缘电阻表		1	个
5	配件	绝缘胶带		1	卷
6	线缆	铜芯塑料绝缘导线	$2.5mm^2$	1	捆

注：常用电工箱包含钢丝钳、卷尺、一字螺钉旋具、十字螺钉旋具、电工刀和剥线钳等。

※任务实施※

任务实施步骤见表6-13。

表 6-13　任务实施步骤

序号	步骤	具体内容	说明
1	供配电系统常见设备的巡检	完成对主变压器、真空断路器、油断路器弹簧操作机构、电磁操作机构、隔离开关、电力电缆等供配电系统设备的巡检工作	参见表6-8
2	供配电系统设备的维护检修	完成对变压器、供配电装置、电力电缆的维护检修工作	参见"相关知识"部分"供配电系统设备的维护检修"

※任务检测※

任务检测内容见表6-14。

表 6-14　任务检测内容

序号	内容	检测标准
1	供配电系统常见设备的巡检	对系统设备进行仔细的巡检，并做出相应的情况记录，确保及时发现设备的任何异常情况，以便及时进行有效的处理
2	供配电系统设备的维护检修	对系统设备进行仔细的维护检修，并做出相应的情况记录，减小设备出现故障的概率，确保设备安全可靠地运行

※知识扩展※

一、触电伤害的形成

触电是人体意外接触电气设备或线路的带电部分而造成的人身伤害事故。人体触电时，通过人体的电流导致人体机能失常或破坏，如烧伤、肌肉抽搐、呼吸困难、心脏麻痹，甚至危及生命。触电的危害程度与通过人体电流的大小、持续时间的长短等因素有关，一般认为人体通过 100mA 电流即可致命。

常见的人体触电形式是单相触电，即人站在地面上，身体触及电源的一根相线或漏电的电气设备所发生的触电事故。在三相四线制、中性点接地系统中，发生单相触电时人体将承受 220V 的电压，如果不能迅速脱离，就可能危及生命，即使是在中性点不接地系统中（通常是 10kV 高压线路），发生单相触电，如导电的风筝线挂在高压线上，手摸坠落的高压线等，也会使人体构成交流通路，通过人体的瞬间电流将造成严重的电击伤。如果人体有两处同时触及三相电源的两根相线，就形成两相触电，这时人体将承受线电压，危险性更大。两相触电多发生于电气工作人员操作过程中。

电伤也是一种容易发生的人身伤害事故，它主要是由于强烈电弧使熔化、蒸发的金属微粒及高温烟雾对人体表面的伤害，例如：合力开关送电时，迸发的电弧可能烧伤操作人员的手臂、面部和眼睛。

电流对人体的危害程度见表 6-15。

表 6-15　电流对人体的危害程度

电流/mA	人的感觉程度	电流/mA	人的感觉程度
1	感到有电	20	肌肉剧烈收缩失去动作自由
5	有相当的痛感	25	已相当危险
10	感到忍不了的痛苦	100	致死

二、触电事故的主要原因

统计资料表明，发生触电事故的主要原因有以下几种：

1）缺乏电器安全知识。在高压线附近放风筝，爬上高压电杆掏鸟巢；低压架空线路断线后不停地用手去拾相线；用手摸破损的开启式开关熔断器组（俗称胶盖刀闸）。

2）违反安全操作规程。带电连接线路或电气设备而又未采取必要的安全措施；触及破坏的设备或导线；误蹬带电设备；带电接照明灯具；带电修理电动工具；带电移动电气设备；用湿手拧灯泡等。

3）设备不合格，安全距离不够；二线一地制接地电阻过大；接地线不合格或接地线断开；绝缘破损导线裸露在外等。

4）设备失修，大风刮断线路或刮倒电杆未及时修理；开启式开关熔断器组的胶木损坏未及时更换；电动机导线破损，使外壳长期带电；瓷绝缘子破坏，使相线与拉线短接，设备外壳带电。

5）其他偶然原因，例如夜间行走触碰断落在地面的带电导线。

三、触电事故的救护

发生触电事故时，在保证救护者本身安全的同时，必须首先设法使触电者迅速脱离电源，越快越好，触电时间越长，伤害越严重。

触电者脱离电源前，救护人员不得直接用手触及触电者，触电者脱离电源后，进行以下抢救工作：

1）解开妨碍触电者呼吸的紧身衣服，使其胸部能够自由扩张，不致妨碍呼吸。

2）使触电者仰卧，检查触电者的口腔，清理口腔的粘液，如有假牙，则取下。

3）立即就地进行抢救，如呼吸停止，采用口对口人工呼吸法抢救，若心脏停止跳动或不规则颤动，可进行人工胸外挤压法抢救，不能无故中断。

如果现场除救护者之外，还有第二人在场，则还应立即进行以下工作：

1）提供急救用的工具和设备。

2）劝退现场闲杂人员。

3）保持现场有足够的照明和保持空气流通。

4）向领导报告，并请医生前来抢救。

触电事故发生后，只要正确地坚持施行人工救治，触电假死的人被抢救成活的可能性是非常大的。实验研究和统计表明，如果从触电后 1min 开始救治，则 90% 可以救活；如果从触电后 6min 开始抢救，则仅有 10% 的救活机会；而从触电后 12min 开始抢救，则救活的可能性极小。因此当发现有人触电时，应争分夺秒，采用一切可能的办法尽快进行救护。

四、电气安全措施

为了安全、高效地利用电能，更好地为日常生产生活服务，减少触电事故的发生，应该积极主动地采取相关电气安全措施。

1. 加强电气安全教育

无数的电气事故告诉我们：人的思想麻痹大意，往往是造成人身事故的主要原因。因此必须加强安全教育，使所有人员都懂得安全生产的重大意义，人人树立安全第一的意识，力争供配电系统安全可靠运行，防患于未然。

2. 严格执行安全工作规程

必须严格执行《电业安全工作规程》的相关规定。

（1）电气工作人员必须具备的条件　经医师鉴定，无妨碍工作的病症；具备必要的电气知识，且按其职务和工作性质，熟悉《电业安全工作规程》的有关部分，并经考试合格；学会紧急救护，特别要学会触电急救。

（2）人体与带电体的安全距离　在进行带电体作业时，人体与带电体的安全距离不得小于表 6-16 规定值。

表 6-16　人体与带电体的安全距离

电压等级/kV	10	35	66	110	220	330
安全距离/m	0.4	0.6	0.7	1.0	1.9	2.6

（3）在高压设备上工作时的要求　在高压设备上工作时，必须遵守：填写工作票和口令、电话命令；至少有两人在一起工作；完成保证工作人员安全的组织措施和技术措施。

（4）保证安全的组织措施　有工作票制度，工作许可证制度，工作监护制度，工作间断、转移和终结制度。

（5）保证安全的技术措施　保证安全的技术措施有停电、验电、装设接地线、悬挂标志牌和装设护栏等。

3. 加强日常运行维护工作和定期的检修试验工作，确保供配电系统的安全运行

前文已介绍，这里不再详述。

4. 采用安全电压和符合安全要求的相应电器

对于容易触电的场所和有触电危险的场所，应采用安全电压。在易燃、易爆场所，应采用符合要求的相应电气设备和导线、电缆。涉及易燃、易爆场所的供配电设计与安装，应遵循国家的相关规定。

5. 确保供配电系统工程的设计安装质量

国家制定的设计、安装规范是确保设计、安装质量的基本依据。供配电工程的设计、安装质量，直接决定着供配电系统运行的安全性。应严格按照《供配电系统设计规范》、《电气装置安装工程电缆线路施工及验收规范》、《电气装置安装工程 35kV 及以下架空电力线路施工及验收规范》等相关国家标准进行设计、施工、验收，以确保供配电系统工程的设计安装质量。

6. 按规定采用电气安全用具

在电力网中的电气设备和线路上工作时，为了防止触电、灼伤、高空摔跌等事故的发生，必须正确使用各种安全用具，以保证工作人员的安全。安全用具分为一般安全用具和电气安全用具两大类。登高作业所用的安全带、绝缘绳，防止高空坠落物体对工作人员造成伤害的安全帽，以及"禁止合闸，有人工作"和"止步，高压危险！"等安全标志牌（见图 6-2）都属于一般安全用具。

图 6-2　安全标志牌

电气安全用具分为基本电气安全用具和辅助电气安全用具两类。

（1）基本电气安全用具　这类用具的绝缘足以承受电气设备的工作电压，操作人员必须使用它才允许操作带电设备。如绝缘拉杆和绝缘夹钳就属于基本电气安全用具，如图6-3 和图 6-4 所示。

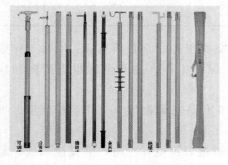

图 6-3　绝缘拉杆

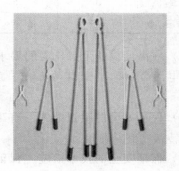

图 6-4　绝缘夹钳

（2）辅助电气安全用具　　这类用具的绝缘不足以完全承受电气设备的工作电压，操作人员必须使用它，可使人身安全有进一步的保障。如绝缘手套、绝缘鞋、绝缘靴、绝缘垫、绝缘站台、绝缘挡板或遮拦等都属于辅助电气安全用具，如图 6-5 所示。

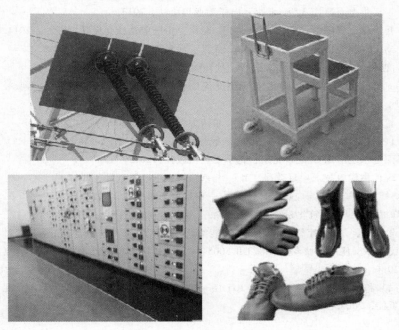

图 6-5　常见的辅助电气安全用具

参 考 文 献

[1] 姚锡禄. 工厂供电 [M]. 3版. 北京：电子工业出版社，2013.

[2] 牛云陞. 智能楼宇管理师：三、四级 [M]. 北京：中国劳动社会保障出版社，2014.

[3] 丁文华，苏娟. 建筑供配电与照明 [M]. 武汉：武汉理工大学出版社，2008.

[4] 卢文鹏，刘晓春. 企业供电系统及运行 [M]. 北京：中国电力出版社，2007.

[5] 余志强，胡汉章，刘光平. 智能建筑环境设备自动化 [M]. 北京：清华大学出版社、北京交通大学出版社，2007.

[6] 马小军. 智能照明控制系统 [M]. 南京：东南大学出版社，2009.

[7] 王晓丽. 供配电系统 [M]. 北京：机械工业出版社，2004.

[8] 孔红. 供配电系统应用 [M]. 北京：化学工业出版社，2012.

[9] 张季萌. 现代供配电技术项目教程 [M]. 北京：机械工业出版社，2011.

[10] 邢智毅. 智能建筑技术与应用 [M]. 北京：中国电力出版社，2012.

[11] 章云，许锦标. 智能建筑化系统 [M]. 北京：清华大学出版社，2007.

[12] 中国建设教育学会. 楼宇智能化系统与技能实训 [M]. 北京：中国建筑工业出版社，2011.

[13] 中华人民共和国住房和城乡建设部 GB 50054—2011 低压配电设计规范 [S]. 北京：中国计划出版社，2011.

[14] 中华人民共和国住房和城乡建设部. JGJ 16—2008 民用建筑电气设计规范 [S]. 北京：中国建筑工业出版社，2008.